**나의 첫 주기율표 공부**

# 나의 첫
# 주기율표
THE PERIODIC TABLE
# 공부

애비 히든 지음
김동규 옮김

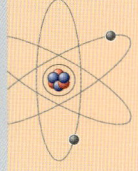

시그마 북스
Sigma Books

# 나의 첫 주기율표 공부

**발행일** 2025년 4월 22일 초판 1쇄 발행
2025년 10월 31일 초판 2쇄 발행

**지은이** 애비 히든
**옮긴이** 김동규
**발행인** 강학경
**발행처** 시그마북스
**마케팅** 정제용
**에디터** 양수진, 최연정, 최윤정
**디자인** 강경희, 김문배, 정민애

**등록번호** 제10-965호
**주소** 서울특별시 영등포구 양평로 22길 21 선유도코오롱디지털타워 A402호
**전자우편** sigmabooks@spress.co.kr
**홈페이지** http://www.sigmabooks.co.kr
**전화** (02) 2062-5288~9
**팩시밀리** (02) 323-4197
**ISBN** 979-11-6862-345-3 (03430)

The Periodic Table by Abbie Headon
First published in 2024 by Amber Books Ltd.
Copyright © 2024 Amber Books Ltd
All rights reserved.
Korean translation copyright © 2025 Sigma Books
This translation of The Periodic Table first published in 2024 is published
by arrangement with Amber Books Ltd. Through AMO Agency, Korea

이 책의 한국어판 저작권은 AMO에이전시를 통해 저작권자와 독점 계약한 시그마북스에 있습니다.
저작권법에 의하여 한국 내에서 보호를 받는 저작물이므로 무단전재와 무단복제를 금합니다.

파본은 구매하신 서점에서 교환해드립니다.

* 시그마북스는 (주)시그마프레스의 단행본 브랜드입니다.

# Contents

**서론    8**

| | |
|---|---|
| 수소 | 12 |
| 헬륨 | 14 |
| 리튬 | 16 |
| 베릴륨 | 18 |
| 붕소 | 20 |
| 탄소 | 22 |
| 질소 | 24 |
| 산소 | 26 |
| 플루오린 | 28 |
| 네온 | 30 |
| 나트륨(소듐) | 32 |
| 마그네슘 | 34 |
| 알루미늄 | 36 |
| 규소 | 38 |
| 인 | 40 |
| 황 | 42 |
| 염소 | 44 |
| 아르곤 | 46 |
| 칼륨(포타슘) | 48 |
| 칼슘 | 50 |
| 스칸듐 | 52 |
| 타이타늄 | 54 |
| 바나듐 | 56 |
| 크로뮴 | 58 |
| 망가니즈 | 60 |
| 철 | 62 |
| 코발트 | 64 |
| 니켈 | 66 |
| 구리 | 68 |

| | |
|---|---|
| 아연 | 70 |
| 갈륨 | 72 |
| 저마늄 | 74 |
| 비소 | 76 |
| 셀레늄 | 78 |
| 브로민 | 80 |
| 크립톤 | 82 |
| 루비듐 | 84 |
| 스트론튬 | 86 |
| 이트륨 | 88 |
| 지르코늄 | 90 |
| 나이오븀 | 92 |
| 몰리브데넘 | 94 |
| 테크네튬 | 96 |
| 루테늄 | 98 |
| 로듐 | 100 |
| 팔라듐 | 102 |
| 은 | 104 |
| 카드뮴 | 106 |
| 인듐 | 108 |
| 주석 | 110 |
| 안티모니 | 112 |
| 텔루륨 | 114 |
| 아이오딘 | 116 |
| 제논 | 118 |
| 세슘 | 120 |
| 바륨 | 122 |
| 란타넘 | 124 |
| 세륨 | 126 |
| 프라세오디뮴 | 128 |
| 네오디뮴 | 130 |
| 프로메튬 | 132 |

| 사마륨 | 134 |
|---|---|
| 유로퓸 | 136 |
| 가돌리늄 | 138 |
| 터븀 | 140 |
| 디스프로슘 | 142 |
| 홀뮴 | 144 |
| 어븀 | 146 |
| 툴륨 | 148 |
| 이터븀 | 150 |
| 루테튬 | 152 |
| 하프늄 | 154 |
| 탄탈럼 | 156 |
| 텅스텐 | 158 |
| 레늄 | 160 |
| 오스뮴 | 162 |
| 이리듐 | 164 |
| 백금 | 166 |
| 금 | 168 |
| 수은 | 170 |
| 탈륨 | 172 |
| 납 | 174 |
| 비스무트 | 176 |
| 폴로늄 | 178 |
| 아스타틴 | 180 |
| 라돈 | 182 |
| 프랑슘 | 184 |
| 라듐 | 186 |
| 악티늄 | 188 |
| 토륨 | 190 |
| 프로트악티늄 | 192 |
| 우라늄 | 194 |
| 넵투늄 | 196 |

| 플루토늄 | 198 |
|---|---|
| 아메리슘 | 200 |
| 퀴륨 | 202 |
| 버클륨 | 204 |
| 캘리포늄 | 205 |
| 아인슈타이늄 | 206 |
| 페르뮴 | 207 |
| 멘델레븀 | 208 |
| 노벨륨 | 209 |
| 로렌슘 | 210 |
| 러더포듐 | 211 |
| 더브늄 | 212 |
| 시보귬 | 213 |
| 보륨 | 214 |
| 하슘 | 215 |
| 마이트너륨 | 216 |
| 다름스타튬 | 217 |
| 뢴트게늄 | 218 |
| 코페르니슘 | 219 |
| 니호늄 | 220 |
| 플레로븀 | 221 |
| 모스코븀 | 222 |
| 리버모륨 | 223 |
| 테네신 | 224 |
| 오가네손 | 225 |

찾아보기　226
사진 크레딧　227

# 서론

꽃이든 기린이든, 심지어 전 우주든, 어떤 사물이 과연 무엇으로 이루어졌는지 궁금해본 적이 있다면 이 책의 주기율표에서 그 구성 요소를 모두 찾을 수 있다. 주기율표는 지금까지 밝혀진 118가지 원소의 유사점과 차이점을 한눈에 알 수 있게 정리한 것이다.

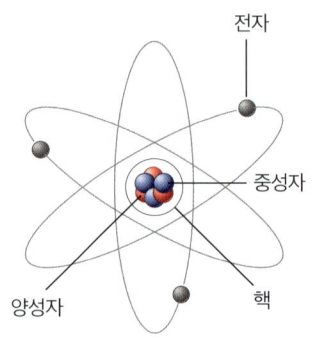

## 이름과 기호

원소 중에는 고대에 이미 그 존재가 알려진 것도 있고 21세기 들어서야 발견된 것도 있는 만큼 불리는 이름도 다양하다. 원소명은 천체(헬륨은 태양, 우라늄은 천왕성에서 유래했다)나 지역(유로퓸, 캘리포늄), 인물(퀴륨은 마리 퀴리와 피에르 퀴리의 이름을, 보륨은 닐스 보어의 이름을 땄다), 해당 원소를 발견한 광물(사마륨은 사마스카이트라는 광물에서 땄다) 등 다양한 기원이 있다.

각 원소에는 이름뿐만 아니라 알파벳 한두 개로 구성된 **화학 기호**도 있다. 화학자들은 이 약어를 이용하여 원소와 그 화합물을 간략하게 표현한다. 화학 기호는 원소의 이름과 직결된다. 예컨대 산소는 O, 수소는 H, 헬륨은 He 같은 식이다. 라틴어나 그리스어 원소명에서 기호를 따온 경우는 언뜻 보면 잘 이해가 되지 않기도 한다. 예를 들어 금의 화학 기호 Au는 라틴어 단어 아우룸(aurum)에서, 수은의 기호 Hg는 하이드라기움(hydrargyrum)이라는 라틴어 단어에서 온 것이다.

## 원자번호

원소를 구성하고 있는 가장 작은 기본 입자는 원자다. 원자의 구조는 양성자와 중성자로 이루어진 핵의 주위를 전자가 둘러싼 형상이다. 양성자는 양전하를 띠고, 중성자는 전하가 없으며, 전자는 음전하를 띤다. 원자 하나당 양성자와 전자의 수는 같다. 즉 양전하와 음전하의 크기가 상쇄되므로 원자는 전하를 띠지 않는다. 어떤 원소의 원자 하나당 양성자 수를 원자번호라고 한다. 주기율표의 첫 번째 원소인 수소는 핵 하나에 양성자 하나가 있으므로 원자번호가 1이다. 이후 등장하는 원소는 1에서 118까지 순서대로 하나씩 원자번호가 커진다.

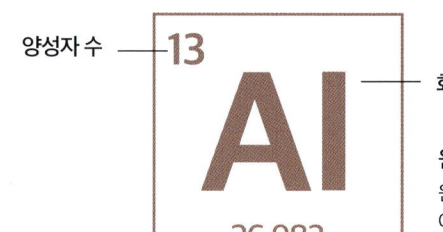

**원자량**
원자량은 다양한 동위원소의 질량을 가중 평균하여 계산한 값이다. 이 숫자에 대괄호를 씌우면 원자 무게의 추정값이라는 뜻이 된다.

## 동위원소

특정 원소의 원자는 핵 하나당 양성자 수는 모두 같지만, 중성자 수는 제각각 다를 수도 있다. 이렇게 같은 원소이면서 중성자 수가 다른 것들을 동위원소라고 한다. 지구상에서 가장 흔한 원소인 탄소는 원자핵 하나당 양성자 6개와 중성자 6개를 가진 형태로, 이를 탄소-12 동위원소라고 한다. 자연계에는 이것 말고도 2가지 동위원소가 더 있다. 양성자 6개와 중성자 7개를 가지는 탄소-13과 양성자 6개와 중성자 8개를 가진 탄소-14가 그것이다. 이들 동위원소는 비록 특성은 서로 다르나 주기율표에서 원자번호 6에 해당하는 탄소라는 점에서는 모두 같다.

### 주기율표의 미래

이 책을 쓰는 현재 기준으로 국제순수·응용화학연합(IUPAC)이 공식 인정한 원소의 수는 총 118개다. 그중에서 1번부터 94번까지의 원소는 지구상에 자연적으로 존재하지만, 95번부터 118번까지의 원소는 실험실 조건에서 핵반응을 통해 합성한 물질이다. 만약 또 다른 원소가 발견된다면 기존의 주기율표는 더 확장될 것이고, 이렇게 새로 발견될 원소를 어떻게 배열할 것인가에 대해서는 아직 여러 이론이 대립하는 것이 현실이다. 한 가지 분명한 것은 과학자들이 이런 새로운 발견을 위해 열심히 노력하고 있다는 사실이다. 그러니 언젠가는 현재의 주기율표가 새롭게 확장될 날이 올 것이다.

원소는 우주를 구성하는 기본 요소다. 모든 원소는 고유하며, 그보다 더 작고 단순한 것으로 나눌 수 없다. 파티 풍선을 공중에 띄우는 헬륨, 결혼반지에 들어가는 금, 가정용 난방 시스템에 사용되는 구리 등 우리가 흔히 사용하고 잘 아는 원소도 있지만, 실험 환경에서 단 몇 초간만 존재하는 아주 희소하고 방사능이 강한 원소도 있다.

드미트리 멘델레예프

# 주기율표

### 기원

아래의 표는 '주기율'을 보기 쉽게 나타낸 것이다. 즉, 이 표는 원소들의 공통된 특성을 중심으로 구성되었다는 뜻이다. 주기율은 1869년에 러시아의 과학자 드미트리 멘델레예프가 처음 작성하여 발표한 것으로, 당시에 아직 발견되지 않은 원소는 빈칸으로 남겨두었다. 나중에 나머지 원소가 발견되어 포함되면서 그의 구성 방식이 옳았음이 증명되었다.

### 족과 주기

주기율표의 수직 열을 족이라고 하고, 맨 왼쪽의 1부터 오른쪽으로 18까지 번호가 매겨진다. 같은 족에 포함된 원소는 모두 최외각 전자의 수가 같고 공통된 특성을 보인다. 예를 들어 1족의 원소는 모두 외각 전자가 하나이므로 다른 원소와의 반응성이 매우 크다. 반면에 18족 원소는 모두 최외각에 전자를 가득 채우고 있어 일반적으로 비활성, 즉 다른 원소와 반응하지 않는 특성을 보인다. 이런 특성 때문에 18족 원소를 '비활성 기체'라고 한다. 주기율표의 각 행은 **주기**라고 하며, 각 원소의 원자핵을 둘러싼 전자껍질의 수를 나타낸다. 첫 번째 껍질에 들어갈 수 있는 전자의 수는 2개뿐이며, 표의 최상단 주기에 수소와 헬륨 두 원소만 자리하는 이유도 바로 그 때문이다. 두 번째 껍질에는 8개의 전자가 들어간다. 따라서 2주기에 등장하는 원소는 8개다.

주기율표를 4개의 **블록**으로 나누는 방법도 있다. 블록의 경우 각 원소의 원자가 전자의 궤도에 따라 정의된다. 표의 맨 왼쪽에 자리한 s블록은 수소와 헬륨, 그리고 1족 및 2족에 해당하는 알칼리 금속과 알칼리 토금속으로 구성된다. 표 오른쪽의 p블록은 13족부터 18족까지의 원소를 포함한다. d블록은 3족부터 12족

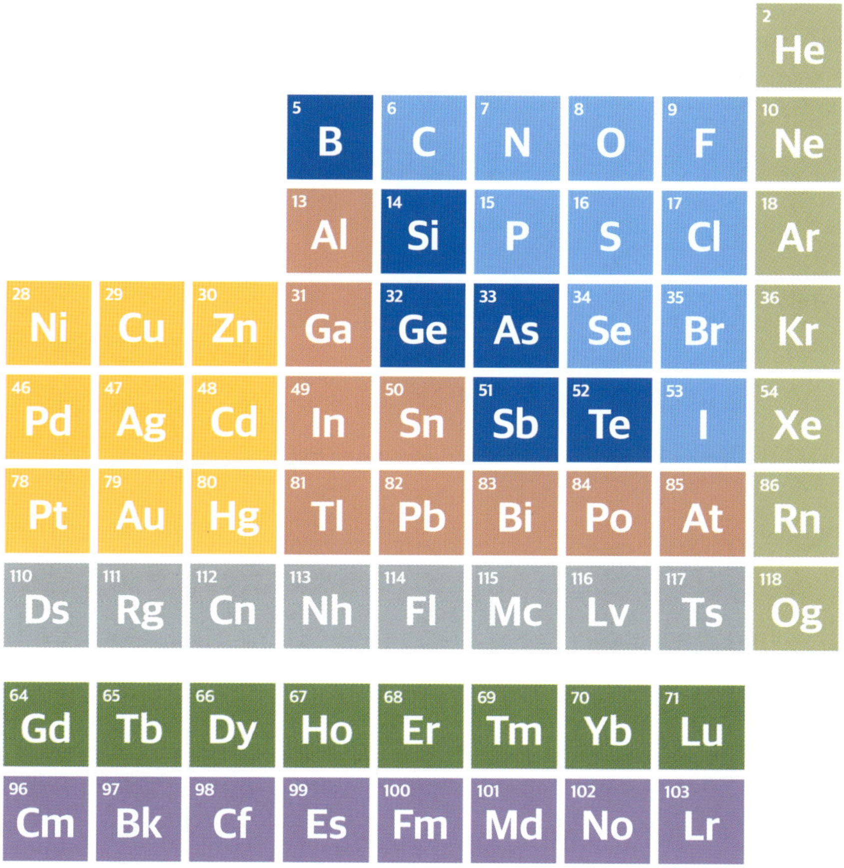

까지의 원소로 이루어진다. 마지막으로 f블록에 해당하는 원소는 란탄족과 악티늄족이다. 이들 원소의 자리는 원래 3족과 4족 사이지만, 보통은 공간 절약을 위해 다른 원소들 아래쪽에 따로 2행으로 표시한다. 한편 원소를 나누는 방법은 또 있다. 각 원소의 공통 특성별로 **카테고리**를 정하는 방식이다. 이 책에서는 각 원소를 소개할 때마다 맨 위에 이 카테고리를 표기했다.

### 카테고리 표시

- 알칼리 금속
- 알칼리 토금속
- 전이 금속
- 전이후 금속
- 준금속
- 반응성 비금속
- 비활성 기체
- 란탄족 원소
- 악티늄족 원소
- 특성 미상

반응성 비금속

# 수소 Hydrogen

발견 연도: 1766년    발견자: 헨리 캐번디시

**1**

| | |
|---|---|
| 1 **H** Hydrogen 1.008 | 원자번호: 1 / 족: 1족 / 주기: 1주기 / 블록: s블록 / 원자량: 1.008 / 녹는점: -259.16°C / 끓는점: -252.879°C / 밀도: 0.000082g/cm³ (상온 기준) / 외관: 무색 기체 |

▲ 수소 원자핵을 구성하는 양성자는 우주의 시작인 빅뱅 직후 1초 만에 생성되었다. 수소 원자는 그로부터 약 37만 년 후에 등장했다.

12

수소는 우주 전체 질량의 75%를 차지할 정도로 가장 흔한 원소다. 수소는 모든 원소 중에서 가장 간단한 구조로 되어 있다. 양성자 핵 하나를 중심으로 전자 하나가 궤도를 그리며 회전하는 것이 전부다. 주기율표 1족에 있는 다른 원소는 모두 금속이나, 유독 수소만 비금속 기체다.

수소는 1766년에 헨리 캐번디시가 처음 발견했다. 그는 1781년에도 수소가 연소하는 과정에서 물을 만들어낸다는 사실을 밝혀냈다. 수소를 뜻하는 영어 단어 하이드로젠(hydrogen)은 '물을 만드는 것'이라는 그리스어 단어에서 유래했다. 산소 원자 하나와 수소 원자 두 개가 결합하면 물 분자가 된다. 화학식은 $H_2O$로 표기한다.

1900년에 독일의 페르디난트 폰 체펠린 백작은 세계 최초로 수소를 가득 채운 단단한 비행선을 이용해 하늘을 날았다. '체펠린호'로 불린 이 비행선은 1919년에 세계 최초로 대서양 직항 횡단에 성공하면서 항공 운송 수단으로 각광받기 시작했다. 그런데 1937년에 뉴저지 상공을 날던 힌덴베르크호 비행선에 화재가 발생해 36명이 목숨을 잃었다. 이 사고로 수소를 채운 비행선의 상용 운항이 금지되었으나, 나중에 자세히 조사한 결과 비행선의 직물 덮개가 정전기에 점화되었을 가능성이 더 크다는 사실이 밝혀졌다.

수소의 가장 위험한 용도는 수소폭탄이다. 이것은 원자폭탄에서 한 단계 발전한 무기로, 1945년 히로시마와 나가사키에 투하된 것보다 1,000배나 더 큰 위력을 발휘한다. 지금까지 여러 국가가 수소폭탄을 실험했으나 아직 실전에 사용된 예는 없다.

◀ 1937년, 힌덴베르크호 비행선은 뉴저지의 레이크허스트 해군 항공기지에 착륙하려다 화재가 발생하여 파괴되었다. 이 사고로 36명의 탑승자가 목숨을 잃었다.

비활성 기체

# 헬륨 Helium

발견 연도: 1895년    발견자: 윌리엄 램지(영국), 페르 테오도르 클레베, 닐스 아브라함 랑게(스웨덴)

2

2
## He
Helium
4.003

원자번호: 2
족: 18족
주기: 1주기
블록: s블록
원자량: 4.003

녹는점: 미확인
끓는점: -268.928°C
밀도: 0.000164g/cm³ (상온 기준)
외관: 무색무취 기체

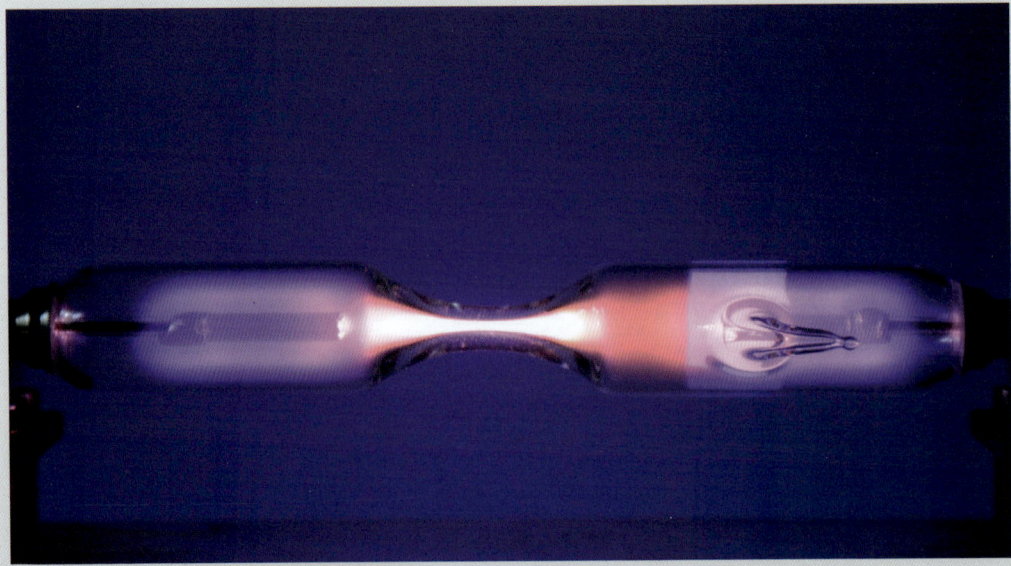

▲ 방전관에 비활성 기체인 헬륨을 채우고 전류를 흘리면 빛이 방출된다.

14

헬륨이라는 명칭은 태양을 뜻하는 그리스어 단어 헬리오스(helios)에서 유래했다. 이 원소는 빅뱅이 일어날 당시 수소 및 질소와 함께 형성되었다. 헬륨은 우주에서 두 번째로 풍부한 원소로, 전 우주의 원소 질량에서 차지하는 비중이 약 24%나 된다. 수소와 헬륨의 질량을 합하면 지금까지 관측된 우주 질량의 99%에 달한다.

헬륨은 주기율표의 18족에 해당하는 비활성 기체 중에서 가장 먼저 등장하는 원소다. 18족 기체는 모두 비활성, 즉 다른 원소와 반응하지 않는 특성을 보인다. 이런 특성을 띠는 이유는 이들 기체 원자의 최외각 전자의 자리가 가득 차 있어 애초에 다른 원자와 결합하거나 반응하려 하지 않기 때문이다.

헬륨의 대표적인 산업적 용도는 극저온 분야로, 대표적으로 MRI 촬영 장비에 들어가는 초전도 자석의 냉각제를 들 수 있다. 우리에게 좀 더 친숙한 예로는 파티용 풍선을 채우는 가스도 바로 헬륨이다. 헬륨은 공기보다 가벼우므로 풍선을 이 기체로 채우면 공중에 뜬다. 따라서 비행선 추진 가스로도 사용된다. 공기보다 가벼운 기체는 수소도 있지만, 앞서 설명했듯이 수소는 화재에 취약하다는 약점이 있다.

사람이 헬륨 가스를 마시면(파티용 풍선을 사용하면 된다) 이 기체가 목소리의 고음을 저음보다 더 크게 울려 아주 우스꽝스럽게 바뀐다. 그러나 헬륨은 뇌로 가는 산소의 흐름을 방해하므로 이런 행동은 자주 하지 않는 것이 좋다.

**He**

◀
NASA 연구팀이 밴앨런대(지구 자기장에 의해 지구 주변에 고에너지 하전입자가 도넛 모양으로 모여 있는 구역 - 옮긴이)를 탐사할 목적으로 배럴 풍선(방사선대에서 상대론적 전자 손실을 감지하는 풍선 장치)에 헬륨을 채워 발사할 준비를 하고 있다.

알칼리 금속

# 리튬 Lithium

발견 연도: 1817년 발견자: 요한 아우구스트 아르프베드손

3

3

**Li**

Lithium
6.941

원자번호: 3
족: 1족
주기: 2주기
블록: s블록
원자량: 6.941

녹는점: 180.5°C
끓는점: 1330°C
밀도: 0.534g/cm³ (상온 기준)
외관: 은백색의 연성 금속

▲ 빛나는 연성 금속인 리튬은 반응성이 강해 대기 중에서 자연 발화할 수 있고, 특히 물과 만나면 격렬하게 폭발하는 특성이 있다.

리튬은 주기율표에 등장하는 첫 번째 금속이며, 역시 수소나 헬륨처럼 빅뱅을 통해 형성되었다. 리튬은 모든 금속 가운데 가장 가볍고 모든 고체 원소 중에서 밀도가 가장 낮다.

리튬은 반응성과 가연성이 큰 원소이므로 기름 같은 비활성 액체에 담그거나 진공 또는 비활성 기체 속에 보관해야 한다. 리튬이라는 명칭은 돌을 뜻하는 그리스어 단어 리토스(lithos)에서 왔다. 같은 알칼리 금속인 나트륨과 칼륨이 유기물에서 발견된 것과 달리, 리튬은 광물에서 발견되었다는 데서 붙은 이름이다.

리튬은 쉽게 부식되고 독성이 있음에도 매우 다양한 용도로 쓰인다. 의학 분야에서 탄산리튬은 극단적인 감정 변화와 조울증을 겪는 환자의 증상을 완화하는 효과가 있어 조울증 치료제로 사용된다. 아울러 심각한 우울증과 조현병에도 치료 효과를 발휘한다. 그러나 리튬은 이런 정신질환 치료 효능과 함께 독성도 지니고 있어 갑상샘 기능 저하나 신장 손상 같은 문제를 일으킬 수 있으므로 세심하게 주의하며 사용해야 한다.

리튬의 가장 큰 산업적 용도는 역시 배터리 생산 소재이다. 2020년 전체 리튬 사용량의 65%가 바로 이 용도로 사용되었다. 리튬 이온 충전식 배터리는 높은 에너지 효율과 긴 수명을 자랑하므로 전기 자동차가 널리 보급될수록 그 중요성은 더욱 커질 수밖에 없다.

◀ 칠레 아타카마사막의 리튬 광산 조감도. 마치 배터리 밭과 같은 초현실적인 광경이 펼쳐져 있다.

알칼리 토금속

# 베릴륨 Beryllium

발견 연도: 1796년   발견자: 루이 니콜라 보클랭

4

**Be**
Beryllium
9.012

원자번호: 4
족: 2족
주기: 2주기
블록: s블록
원자량: 9.012

녹는점: 1287℃
끓는점: 2469℃
밀도: 1.85g/cm³ (상온 기준)
외관: 대체로 은회색의 연성 금속

▲ 자연 상태의 베릴륨은 오직 광물 속에서 다른 원소와 섞인 화합물 형태로만 존재한다. 위 사진에서 순도 99.58%의 베릴륨 원소가 철회색 광택을 띠는 것을 볼 수 있다.

베릴륨은 부드럽고 가벼우며 부서지기 쉬운 알칼리 토금속으로, 주기율표에 등장하는 네 번째 원소다. 앞의 세 원소보다 훨씬 희귀하며 지각에 2~6ppm의 농도로 함유되어 있다. 베릴륨은 대부분 녹주석이라는 광물에서 추출되며, 그 이름도 녹주석에 해당하는 영어 단어 베릴(beryl)에서 딴 것이다. 옛 이름인 글라우키늄은 '달다'를 뜻하는 그리스어 단어 글리키스(glykys)에서 왔다. 베릴륨 화합물에서 단맛이 나기 때문이다. 그러나 오늘날에는 베릴륨에 독성이 있어 어떤 경우에도 먹거나 흡입하면 안 된다는 사실이 알려졌다.

금속은 대부분 뜨거우면 늘어나고 추우면 줄어드는 데 비해, 베릴륨의 부피는 온도에 상관없이 일정하다. 따라서 고속 항공기의 엔진 부품처럼 고온을 견뎌야 하는 기계류의 소재로 사용하기에 적당하다.

베릴륨 2%와 구리 98%의 합금은 자이로스코프 및 기타 메커니즘에 사용되는 고강도 금속을 생성한다. 베릴륨은 98% 니켈과 합금되면 불꽃을 일으키지 않는 금속을 형성하여 유정(석유의 원유를 퍼내는 샘 - 옮긴이)과 같은 환경에서 사용하기에 이상적이다.

베릴륨은 원자 질량이 낮고 강도가 낮아 X선에 비교적 투명하며, 이 때문에 X선 장비의 창문에 가장 일반적인 재료다.

Be

◀ 제임스 웹 우주 망원경의 핵심 부품인 18개의 육각형 거울. 강하고 가벼우며 극저온에서도 형태가 일정하게 유지되는 베릴륨으로 만들었다.

준금속

# 붕소 Boron

발견 연도: 1808년
발견자: 험프리 데이비(영국), 조제프 루이 게이뤼삭(프랑스), 루이 자크 테나르(프랑스)

5

**B**
Boron
10.811

| | |
|---|---|
| 원자번호: 5 | 녹는점: 2076°C |
| 족: 13족 | 끓는점: 3927°C |
| 주기: 2주기 | 밀도: 2.46g/cm$^3$ (상온 기준) |
| 블록: p블록 | 외관: 비정질 상태의 갈색 분말 |
| 원자량: 10.811 | |

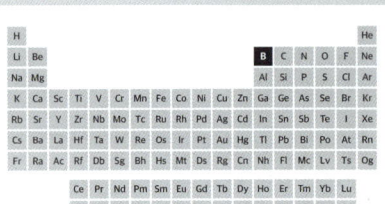

▲
붕소는 결정 형태나 이 사진에 나타난 비정질 분말 등 여러 동소체(같은 원소로 이루어져 있지만 그 모양과 성질이 다른 물질 – 옮긴이)가 있다.

20

붕소는 1808년에 런던에서 험프리 데이비, 그리고 파리에서는 조제프 루이 게이뤼삭과 루이 자크 테나르에 의해 별도로 발견되었다. 붕소를 영어로는 보론(Boron)이라고 하는데, 이 이름은 붕소가 함유된 물질인 붕사(Borax)의 첫음절과 화학적으로 유사한 물질인 탄소(Carbon)의 두 번째 음절을 조합하여 만든 것이다.

순수한 붕소는 갈색의 비정질 분말 형태를 띤다. 또 단단하고 부서지기 쉬우며 반짝이는 결정질의 준금속 형태로도 존재한다. 비정질 붕소는 강렬한 녹색 빛을 내며 타는 성질이 있어 불꽃놀이나 조명탄 등의 용도로 사용된다.

붕소는 다양한 목적의 화합물 제조에 사용되기도 한다. 화학명으로 붕산나트륨이라고 하는 붕사는 표백제나 소독제 등의 용도로 사용된다. 붕산은 섬유 유리 원료와 단열재에 들어가는 난연제 등으로 사용되며, 산화붕소는 파이렉스로 더 유명한 내열강화유리의 핵심 원료다.

어린이들이 흔히 가지고 노는 실리퍼티 장난감(실리콘 합성물로 만든 점탄성의 비정형 장난감 - 옮긴이)도 붕소의 독특한 특성을 이용한 것이다. 이 장난감에 함유된 붕산이 규소 중합체와 반응하면 매우 끈적한 액체 같은 물질이 합성되는데, 이것을 틀에 쥐어짜면 일정한 형태로 만들 수 있고, 손으로 세게 누르면 고무공처럼 튀어 오르기도 한다.

◀
흔히 '파이렉스'로 알려진 붕규산 유리로 만든 주방용 계량기.

반응성 비금속

# 탄소 Carbon

발견 시기: 선사시대

**6**

## C
Carbon
12.011

원자번호: 6
족: 14족
주기: 2주기
블록: p블록
원자량: 12.011

녹는점/끓는점: 3642°C(고체에서 기체로 직접 승화)
밀도: 1.8~2.1g/cm³(비결정 상태),
2.267g/cm³(흑연 상태),
3.515g/cm³(다이아몬드 상태)
외관: 검고 불투명함(흑연 상태), 투명함(다이아몬드 상태)

▲
자연계에서 발생하는 탄소는 원자의 결합 방식에 따라 다양한 동소체로 존재한다. 이 결정질 흑연 덩어리들은 '그래핀'이라는 얇은 동소체가 층을 이루어 형성된다.

# C

탄소는 지구상에서 15번째로 풍부한 원소다. 탄소의 이름은 라틴어로 숯을 뜻하는 카보(carbo)라는 단어에서 왔다. 즉, 고대인도 이미 탄소에 대해 알고 있었다는 뜻이다. 탄소는 비정질 탄소, 흑연, 다이아몬드, 풀러렌 등의 여러 형태, 즉 동소체로 존재하며, 이 모든 형태는 특성이 서로 다르다.

탄소는 지구상의 모든 생명체가 살아가는 데 꼭 필요한 원소다. 그것은 이 원소가 엄청난 수의 화합물을 생성하고(현재 알려진 종류만 약 1,000만 개에 달한다) 이것이 만들어내는 거대분자가 다시 스스로 고분자를 형성하기 때문이다. 탄소와 관련된 화학을 '유기화학'이라고 한다. 탄소와 관련된 화합물은 주로 생물이 생산하거나 생명체에서 발견되기 때문이다.

식물은 광합성을 통해 탄소를 얻는다. 즉, 식물은 이산화탄소($CO_2$)와 물($H_2O$)을 흡수하고 태양 에너지를 통해 다시 물을 수소와 산소로 분리한다. 이어서 산소는 대기 중으로 방출되고 수소는 이산화탄소와 결합하여 생명체의 필수 화합물인 탄화수소가 된다. 인간을 비롯한 동물은 광합성을 할 수 없으므로 우리는 다른 생물을 섭취해야만 필수 영양소인 탄소를 얻을 수 있다.

탄소는 지구상의 모든 생명체를 살리는 엔진일 뿐만 아니라 메탄가스, 원유, 석탄 등의 화석 연료를 만들어내는 가장 근본적인 물질이기도 하다. 인류는 문명을 시작한 이래 바로 이런 연료를 연소함으로써 막대한 양의 이산화탄소를 지구 대기에 방출해왔다. 햇빛은 이산화탄소를 투과하지만, 태양열 중 일부는 이산화탄소에 붙잡혀 다시 우주로 빠져나가지 못한다. 산업 혁명 이전까지는 이렇게 갇히는 태양열의 비율이 그저 지구를 둘러싸는 '담요' 역할을 하는 정도여서 오히려 우리는 광활한 우주에서 따뜻하게 지낼 수 있었지만, 그 양이 지나치게 많아진 오늘날에는 '온실 효과'로 인해 지구 온도가 계속해서 상승하여 사람과 환경에 치명적인 영향을 미치고 있다.

◀ 이런 발전소에서 화석 연료가 연소하면서 대량으로 배출되는 이산화탄소는 기후 변화의 주요 요인이 된다.

반응성 비금속

# 질소 Nitrogen

발견 연도: 1772년     발견자: 대니얼 러더퍼드

**7**

| 7 |
|---|
| **N** |
| Nitrogen |
| 14.007 |

원자번호: 7
족: 15족
주기: 2주기
블록: p블록
원자량: 14.007

녹는점: -209.86℃
끓는점: -195.795℃
밀도: 0.001251g/cm³(상온 기준)
외관: 무색 기체, 액체 및 고체

▲ NaNO₃, 즉 질산나트륨은 자연계에서 질산염 광물의 형태로 존재한다.

# N

질소는 대기 중에서 약 78%를 차지하는 무색무취의 기체로, 그 양은 약 4,000조 톤에 이른다. 질소는 주로 두 원자로 구성된 분자, 즉 $N_2$의 형태로 존재한다. 질소는 1760년대에 헨리 캐번디시와 조지프 프리스틀리가 각각 처음으로 분리해냈고(두 사람 다 공기에서 산소를 제거한 후 남은 기체가 불꽃을 꺼뜨리고 작은 동물을 질식사시킨다는 사실을 관찰했다), 1772년에 와서는 대니얼 러더퍼드가 그것이 또 하나의 원소임을 확인했다.

영어로 '질소'를 뜻하는 나이트로젠(nitrogen)은 프랑스어인 니트레(nitre, 다른 말로는 샐페트레, 즉 질산칼륨이라고도 한다)에 '형성'을 뜻하는 접미사 젠(gène)이 붙은 니트로젠(nitrogène)이라는 단어에서 온 말이다. 질소는 질산염에서 나오는 질산의 필수 성분이기 때문이다. 질소를 뜻하는 독일어 슈틱슈토프(Stickstoff)는 '질식시키다'를 뜻하는 독일어 에르스티켄(ersticken)에서 왔는데, 생명체를 질식시키는 질소의 특성을 직관적으로 가리키는 단어다. 맨 위에 질소가 있는 주기율표의 15족을 다른 말로 프닉토젠(pnictogens)이라고 하는데, 이것은 '질식시키다, 또는 목 졸라 죽이다'라는 뜻의 그리스어 단어에서 유래했다.

질소는 DNA, RNA, 아미노산, 그리고 근육 수축 및 화학 합성과 같은 생물 세포 과정에 에너지를 공급하는 분자인 아데노신3인산 등의 작용에 관여한다. 즉 모든 생명체의 활동에 없어서는 안 되는 물질이다. 그러나 이것조차 자연계 전체의 질소 순환에서 단지 한 단계에 불과하다. 동식물이 죽어서 남긴 질소는 토양으로 돌아가 다시 식물에 흡수되고, 그 식물은 또 동물의 먹이가 된다.

질소는 상업적으로도 매우 중요하다. 비료, 드라이아이스, 식품 저장용 불활성 기체, 케블라 같은 화합물과 스테인리스강의 생산 과정에도 사용된다.

◀ 미국 드래그레이싱 협회(NHRA)가 인정한 최고 연료 등급의 경주용 자동차는 질소 화합물인 니트로메탄을 연료로 하여 최대 150m/s의 속도로 달린다.

반응성 비금속

# 산소 Oxygen

## 8

발견 연도: 1774년　　발견자: 조지프 프리스틀리(영국), 칼 빌헬름 셸레(스웨덴)

8
**O**
Oxygen
15.999

원자번호: 8
족: 16족
주기: 2주기
블록: p블록
원자량: 15.999

녹는점: -218.79℃
끓는점: -182.962℃
밀도: 0.001429g/cm³(상온 기준)
외관: 무색 기체,
　　　담청색 액체 또는 고체

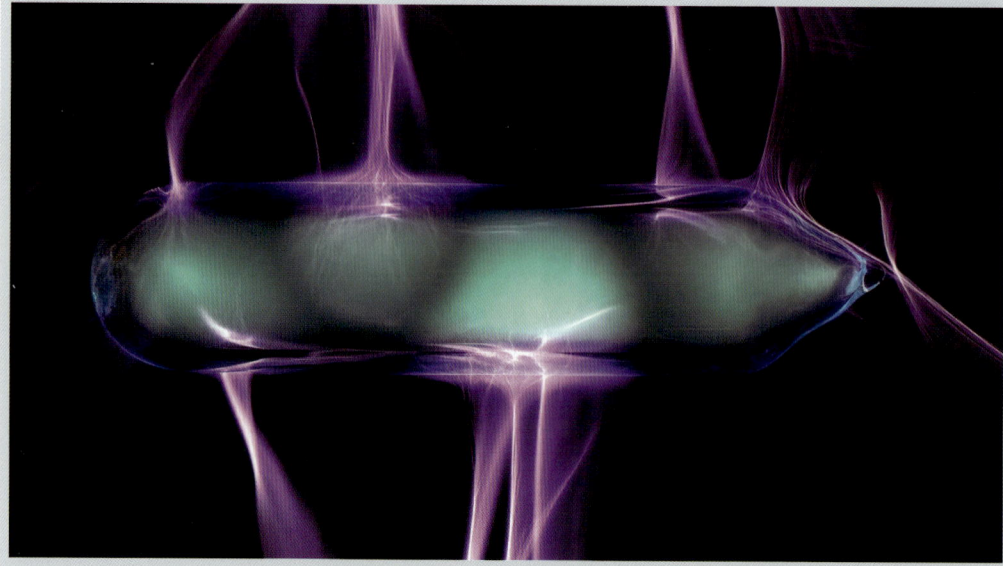

▲
산소 분자는 전자가 들뜬 상태가 되면 색이 바뀐다. 이런 현상은 실험실에서뿐만 아니라 밤하늘에서도 관찰할 수 있다. 북극광과 남극광이 바로 그것이다.

# O

산소는 주기율표에 8번째로 등장하는 원소로, 대다수의 다른 원소와 산화물을 쉽게 형성하는 반응성 비금속이다. 그러나 이렇게 높은 반응성에도 불구하고 자연계에서 발견되는 산소는 주로 두 개의 산소 원자가 결합한 순수한 형태의 분자뿐이다(화학식은 $O_2$). 산소는 수소와 헬륨에 이어 우주에서 세 번째로 풍부하며, 지구에서는 대기의 20.95%를 차지하는 원소다. 산소가 대기에서 차지하는 비중은 지구 역사에서 다양하게 변화해왔다. 사실 지구가 탄생한 후 약 20억 년이 지나도록 대기 중에 활성산소는 존재하지 않았다. 약 25억 년 전에 진화를 통해 광합성 생물이 출현한 후에야 대기 중에 산소가 방출되었다. 그에 따라 원시 생명체 중 다수가 멸종하고 오늘날 우리가 아는 생명체가 출현하기 시작했다.

지구 대기 중 산소 농도는 약 3억 년 전 석탄기에 최고치에 도달해 35%를 기록했다. 석탄기에 우리의 상상을 초월하는 크기의 거대 곤충이 존재했던 것도 이렇게 풍부했던 산소가 분명히 영향을 미쳤으리라고 짐작된다. 화석 기록에 따르면 이 시기에는 날개 길이가 75cm에 달하는 잠자리류 생물이 널리 퍼져 있었다.

산소는 모든 동식물과 곰팡이의 세포 호흡, 즉 음식물에서 에너지를 추출하고 노폐물로 이산화탄소를 배출하는 과정에 꼭 필요한 물질이다. 이 과정이 끝난 후 식물은 이산화탄소를 흡수한 다음 햇빛과 물을 원료로 광합성을 일으켜 탄수화물을 생성하고 산소를 다시 대기 중에 방출한다. 인간은 끊임없이 산소를 공급받아야 생존할 수 있고, 대기 중 산소 농도가 17% 이하로 떨어지면 생존하기 어렵다.

◀ 스쿠버다이버는 산소와 질소의 혼합 기체를 담은 탱크를 짊어진 채 물속에서 편안하게 숨 쉴 수 있다.

반응성 비금속

# 플루오린 Fluorine

발견 연도: 1886년　　발견자: 앙리 무아상

**9**

9
**F**
Fluorine
18.998

원자번호: 9　　녹는점: -219.67℃
족: 17족　　끓는점: -188.11℃
주기: 2주기　　밀도: 0.001696g/cm³ (상온 기준)
블록: p블록　　외관: 연한 노란색 기체,
원자량: 18.998　　　　　밝은 노란색 액체

▲ 자연 플루오린 화합물인 형석은 1970년경 영국 더럼 카운티의 로겔리 광산에서 처음 발견되었다. 형석에 함유된 희토류 원소 때문에 이 광물의 녹색 결정은 낮이 되면 보라색으로 빛난다.

'불소'라는 이름으로도 알려진 플루오린(fluorine)은 '흐르다'라는 뜻의 라틴어 단어 플루오(fluo)에서 유래했다. 순수한 플루오린은 상온에서는 기체로, 자연계에서는 형석이라는 고체 광물로 존재한다. 하지만 이 원소에 '흐르다'라는 뜻의 이름이 붙은 데는 16세기부터 각종 금속 광석의 제련 과정에 형석을 첨가하여 녹는점을 낮춰온 역사적 배경이 있다.

플루오린은 치명적인 독성 기체이며 모든 원소 중에서 반응성이 가장 강하다. 플루오린이 반응하지 않는 원소는 주기율표 18족에 속하는 비활성 기체뿐이다. 플루오린의 이런 강한 반응성은 초창기 과학자들이 플루오린을 함유한 안정 상태의 광물에서 이 원소를 분리해내기가 그토록 어려웠던 이유이기도 했다. 실제로 플루오린 분리를 실험하던 과학자 중에는 사망한 이도 드물지 않았다. 이런 '플루오린 순교자'들의 연구를 바탕으로 1886년에 프랑스 화학자 앙리 무아상이 마침내 전기 분해법으로 플루오린을 안전하게 분리하는 데 성공했다. 그는 이 공로로 1906년에 노벨 화학상을 받는 쾌거를 이뤘다.

플루오린은 그 위험한 특성에도 불구하고 다양한 산업 분야에 사용되며, 생각보다 우리 일상생활에서 하는 일이 많다. 예컨대 음식이 프라이팬에 잘 들러붙지 않도록 하는 테플론 코팅 소재는 바로 폴리테트라플루오로에틸렌(PTFE)이라는 플루오린 중합체다. 방수재, 전기 절연재, 태양 전지용 필름 등에도 플루오린 기반의 폴리머가 널리 사용된다.

플루오린의 무기 단원자 음이온인 불화물은 치아의 충치를 예방하고 감소시키는 중요한 역할을 한다. 플루오린은 치약과 구강 세정제에 가장 널리 사용되는 성분이며, 현재 전 세계 인구의 약 6%를 상대로 상수도를 통해 직접 공급된다. 상수도에 플루오린을 넣는 방식에 반대하는 사람도 많지만, 현재까지의 증거에 따르면 플루오린은 충치를 줄일 뿐 아니라 건강에 심각한 문제를 일으키지는 않는 듯하다.

F

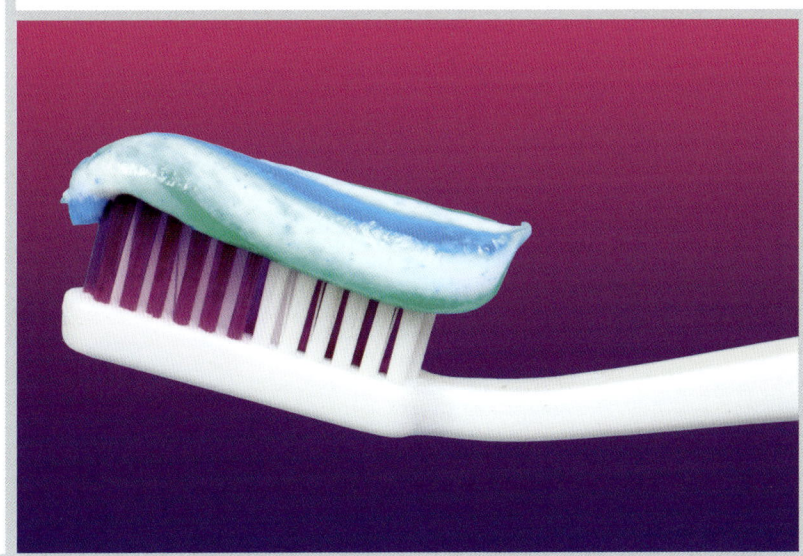

◀ 플루오린을 불화나트륨(NaF)이나 불화주석($SnF_2$) 등의 형태로 치약에 첨가하면 충치와 치아 부식을 예방하는 효과가 있는 것으로 알려졌다.

비활성 기체

# 네온 Neon

발견 연도: 1898년  발견자: 윌리엄 램지, 모리스 트래버스

10

10
**Ne**
Neon
20.18

원자번호: 10
족: 18족
주기: 2주기
블록: p블록
원자량: 20.18

녹는점: -248.59℃
끓는점: -246.046℃
밀도: 0.0009g/cm³ (상온 대기압)
외관: 무색무취의 기체

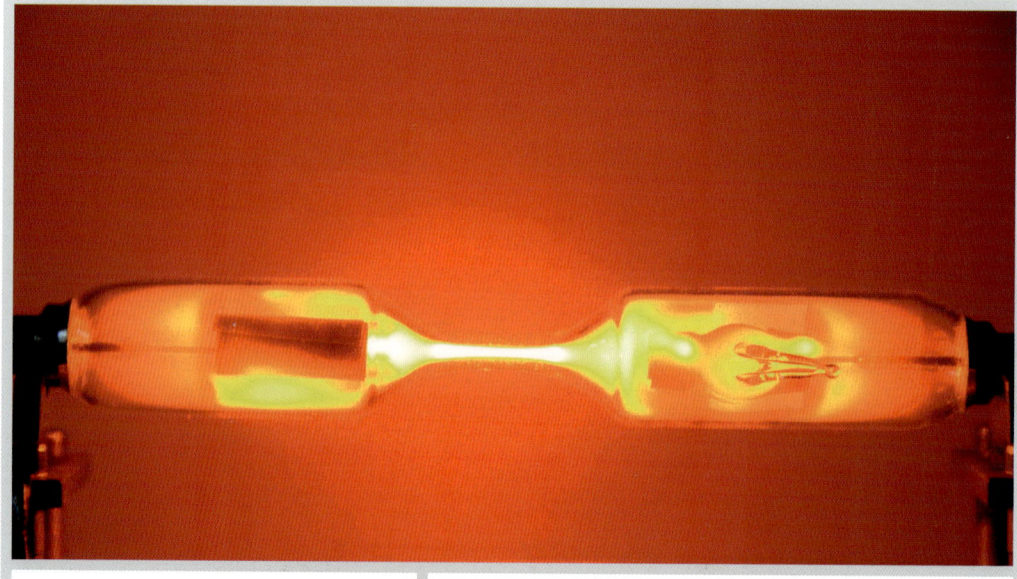

▲ 방전관에 들어찬 네온 가스가 적주황색으로 빛나고 있다.

# Ne

네온은 우주에서 다섯 번째로 풍부한 원소지만(수소, 헬륨, 산소, 탄소 다음이다), 지구에서는 극소량에 불과하다. 네온은 윌리엄 램지와 모리스 트래버스가 액체 공기를 분별 증류하는 과정에서 크립톤 및 제논 기체와 함께 처음 발견되었다. 네온은 지구 대기에서 극미량에 불과하므로 오늘날 상업용 네온 기체를 생산하는 데에도 여전히 같은 공법이 사용되고 있다.

윌리엄 램지의 아들은 새롭다는 뜻의 라틴어 단어 노부스(novus)를 따서 '노붐'이라는 원소명을 제안했다. 그러나 윌리엄은 똑같은 뜻의 그리스어 단어 네오스(neos)를 더 좋아했고, 그 결과 오늘날의 네온이라는 이름이 탄생했다.

네온 기체에 전류를 흘리면 밝은 적주황색을 띤다. 따라서 1910년 파리 모터쇼에서 조르주 클로드가 네온관 조명을 처음 선보인 이래 전 세계 모든 거리의 광고판은 이 네온 조명이 점령하다시피 했다. 여기에 수은이나 이산화탄소, 헬륨 등 다른 기체를 추가하면 무지개색 조명을 만들 수 있다. 네온은 조명뿐 아니라 고전압 스위치 기어와 레이저, 진공관, 다이빙 장비 등에도 사용된다. 네온은 -246℃의 온도를 효과적으로 유지하는 특성 때문에 저온 보관 기술에서도 중요한 역할을 한다.

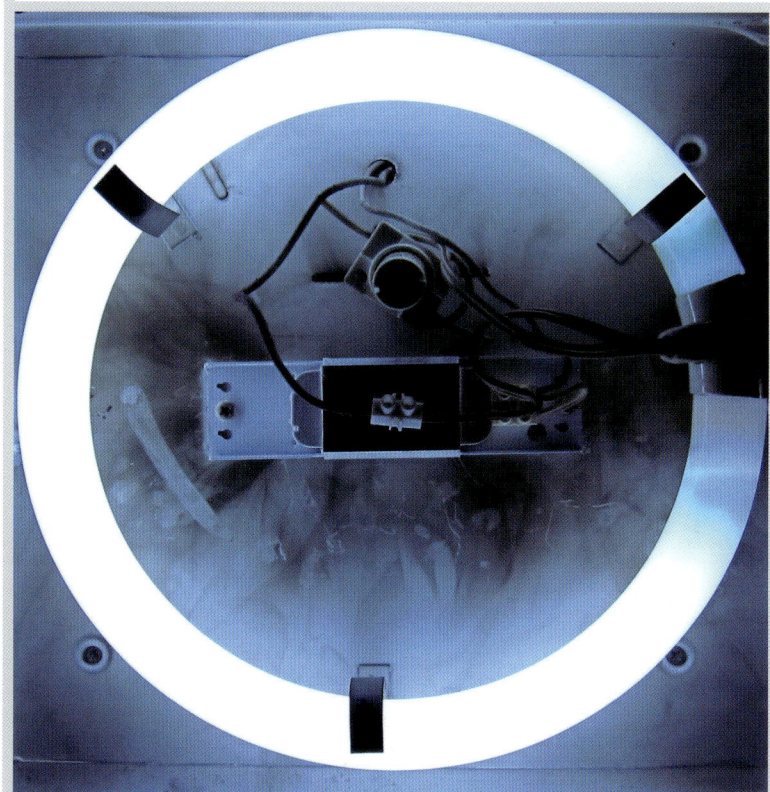

◀ 네온 가스를 채운 유리관 조명의 용도는 광고판, 천장 조명 등 셀 수 없이 다양하다.

알칼리 금속

# 나트륨(소듐) Sodium

발견 연도: 1807년   발견자: 험프리 데이비

**11**

## Na
Sodium
22.99

원자번호: 11
족: 1족
주기: 3주기
블록: s블록
원자량: 22.99

녹는점: 97.794°C
끓는점: 882.94°C
밀도: 0.968g/cm³ (상온 기준)
외관: 연질 은색 금속

▲ 암염은 염화나트륨이 등축 결정체로 존재하는 천연 광물이다.

## Na

나트륨(소듐)은 주기율표의 1족에 속하며, 이 그룹의 모든 금속이 그렇듯이 반응성이 크다. 순수한 나트륨은 은백색의 연질 금속으로 대기에 노출되면 곧 색이 변하고 물에 닿으면 격렬하게 반응한다. 나트륨(natrium)은 '소다'라는 뜻의 라틴어 단어이며, 화학 기호 Na도 여기에서 따왔다('소듐'은 나트륨의 영어식 표현이다 - 옮긴이).

나트륨은 지각에서 6번째로 풍부한 원소다. 가장 흔한 형태의 화합물은 염화나트륨(NaCl)으로, 우리가 식탁에서 자주 보는 소금이 바로 이것이다. 소금의 짠맛과 식품을 썩지 않게 보존하는 가치는 수천 년 전부터 잘 알려져 있다. '샐러리'라는 단어는 로마 시대 군인들에게 지급했던 살라리움 아르젠툼(salarium argentum), 즉 '소금 돈'에서 유래했다. 소금은 "세상의 빛과 소금", "몸값(소금값)을 한다", "소금 한 꼬집만큼만 들어라(다 믿지 말고 에누리해서 들어라)" 등의 여러 관용구에도 등장하는데, 우리는 이 맛있고 중요한 흰색 물질을 언어적으로는 충분히 소화해내지 못하는 것 같다.

소금은 인간이 섭취해야 하는 필수 영양분으로, 체액의 균형을 조절하고 신경계에서 전기 신호를 전달하는 역할을 한다. 그러나 나트륨의 과다 섭취는 뇌졸중, 심혈관 질환, 고혈압 및 신장 질환 등 건강상의 여러 위험을 증폭시킨다. 세계보건기구(WHO)가 제시하는 일일 소금 섭취 권장량은 5g 이하지만, 현재 세계인의 평균 섭취량은 그 2배가 넘는 10.78g이다.

▲ 소금은 조미료, 식육 연화제, 식품 보존제 등 무수히 많은 용도로 사용된다. 소금이 없으면 우리가 먹는 음식은 지금보다 훨씬 맛없을 것이다.

알칼리 토금속

# 마그네슘 Magnesium

# 12

발견 연도: 1755년

발견자: 조지프 블랙

12

**Mg**

Magnesium

24.305

원자번호: 12

족: 2족

주기: 3주기

블록: s블록

원자량: 24.305

녹는점: 650℃

끓는점: 1091℃

밀도: 1.738g/cm$^3$(상온 기준)

외관: 은백색 금속

| | | | | | | | | | | | | | | | | | |
|---|---|---|---|---|---|---|---|---|---|---|---|---|---|---|---|---|---|
| H | | | | | | | | | | | | | | | | | He |
| Li | Be | | | | | | | | | | | B | C | N | O | F | Ne |
| Na | **Mg** | | | | | | | | | | | Al | Si | P | S | Cl | Ar |
| K | Ca | Sc | Ti | V | Cr | Mn | Fe | Co | Ni | Cu | Zn | Ga | Ge | As | Se | Br | Kr |
| Rb | Sr | Y | Zr | Nb | Mo | Tc | Ru | Rh | Pd | Ag | Cd | In | Sn | Sb | Te | I | Xe |
| Cs | Ba | La | Hf | Ta | W | Re | Os | Ir | Pt | Au | Hg | Tl | Pb | Bi | Po | At | Rn |
| Fr | Ra | Ac | Rf | Db | Sg | Bh | Hs | Mt | Ds | Rg | Cn | Nh | Fl | Mc | Lv | Ts | Og |
| | | | Ce | Pr | Nd | Pm | Sm | Eu | Gd | Tb | Dy | Ho | Er | Tm | Yb | Lu | |
| | | | Th | Pa | U | Np | Pu | Am | Cm | Bk | Cf | Es | Fm | Md | No | Lr | |

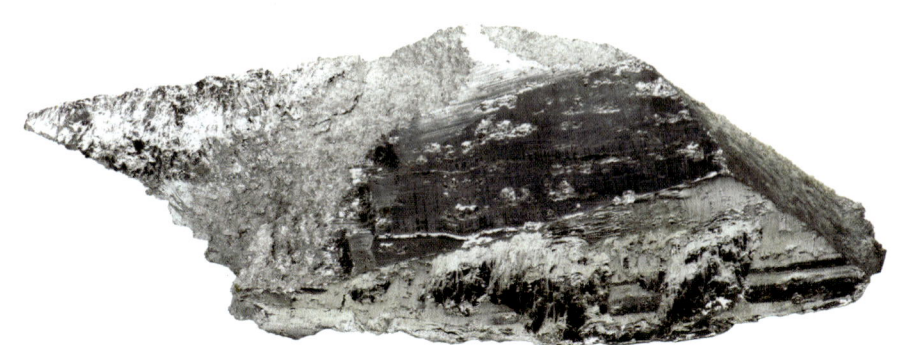

▲
마그네슘은 반짝이는 은색 금속으로, 밀도는 알루미늄의 3분의 2 정도다. 마그네슘은 모든 알칼리 토금속 중에서 녹는점과 끓는점이 가장 낮다.

은백색의 금속으로 알칼리 토금속(주기율표 2족)에 속한 마그네슘은 대기에 노출되면 밝은 흰색 빛을 내며 쉽게 타버린다. 마그네슘은 이런 특성 때문에 불꽃놀이와 신호탄의 소재로 쓰이고, 무대 위에서는 조명이나 유령 효과 같은 극적 연출에 많이 사용된다.

마그네슘은 엽록소 분자에 함유되어 녹색 식물의 특유한 색을 자아내며, 광합성 과정에서 태양으로부터 에너지를 흡수하는 역할을 한다. 마그네슘은 식물에 광범위하게 함유된 만큼 식물을 먹이로 삼는 동물과 그것을 먹는 동물도 거의 모두 이 물질을 섭취한다.

마그네슘은 인체 내의 300개가 넘는 효소 시스템에서 보조 인자로 중요한 역할을 담당한다. 나아가 인체의 뼈 발달에 기여하고 DNA와 RNA의 합성을 돕는다. 마그네슘이 풍부한 음식은 채소, 견과류, 곡물, 코코아, 향신료 등이다.

마그네슘은 철과 알루미늄 다음으로 구조용 소재로 널리 사용되는 금속이다. 마그네슘은 가볍고 강한 특성 덕분에 자동차와 항공기 제작용 합금 소재에 적합하다. 아울러 휴대폰, 노트북, 카메라 등 무게가 가벼워야 하는 전자기기의 소재에 적합한 전기적 특성도 갖추고 있다.

# Mg

◀
마그네슘 알로이휠은 주조나 단조 공법을 통해 생산된다. 단조 휠은 대체로 주조 휠보다 가볍고 튼튼하지만 가격이 더 비싼 편이다.

### 전이후 금속
# 알루미늄 Aluminium

발견 연도: 1825년    발견자: 한스 외르스테드

**13**

**13**
## Al
Aluminium
26.982

- 원자번호: 13
- 족: 13족
- 주기: 3주기
- 블록: p블록
- 원자량: 26.982
- 녹는점: 660.32°C
- 끓는점: 2470°C
- 밀도: 2.7g/cm³ (상온 기준)
- 외관: 은회색 금속

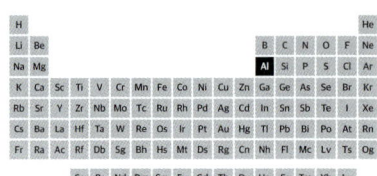

▲ 순수 알루미늄은 은에 버금갈 정도의 가시광선 반사 성능을 보이는 금속이다. 또 대기에 노출되면 표면에 산화물 보호막을 형성하는 특징이 있다.

알루미늄은 지각을 구성하는 금속 중 8.1%로 가장 큰 비중을 차지하며 산소와 규소에 이어 세 번째로 풍부한 원소다. 또 이 두 원소와 결합하여 산화물과 규산염의 형태로 존재하려는 경향이 강하므로 자연계에서 순수한 알루미늄을 찾아보기는 힘들다. 이것은 지각에 함유된 알루미늄의 양이 우주 전체 평균에 비해 더 많은 이유이기도 하다. 반응성이 약한 원소는 이미 지구의 핵을 향해 가라앉았기 때문이다.

알루미늄이라는 이름은 이 원소를 함유한 광물인 '명반'을 가리키는 라틴어 단어 알루멘(alumen)에서 유래한 것이다. 사실은 이 원소의 정확한 명칭을 둘러싸고 치열한 논쟁이 벌어진 적이 있다. 1811년에 옌스 야코브 베르셀리우스는 알루미늄(aluminium)으로 불러야 한다고 했고, 1812년에 험프리 데이비가 교과서에 쓴 표기는 알루미넘(aluminum)이었다. 이런 차이는 지금까지도 남아 미국과 캐나다는 i가 빠진 표기법을 선호하는 반면, 두 나라를 제외한 전 세계에서는 한 글자 더 긴 철자가 통용되고 있다.

알루미늄은 동물의 영양에 직접 영향을 미치지는 않으나 모든 식물에 흡수되어 결국 우리는 매일 조금씩이라도 소비하게 된다. 인체에 유입된 알루미늄은 거의 모두 소화 기관을 직접 거친다. 물론 혈류에 유입되면 알츠하이머병의 위험이 증대할 수 있지만, 현재까지 이 둘 사이의 관련성이 입증된 바는 없다.

알루미늄은 가볍고 부식에 강하며 성형이 쉬워 제조업의 소재로 적합한 금속이다. 알루미늄은 그 자체로는 강도가 충분치 않으므로 주로 다른 금속에 소량 함유되어 합금을 만드는 데 사용된다. 그런 목적으로 가장 널리 사용되는 다른 금속은 구리, 아연, 마그네슘, 망가니즈, 규소 등이다. 알루미늄 합금은 항공기 동체와 창틀, 음료수 캔, 조리 기구, 주방용 호일 등 다양한 용도로 사용된다.

# Al

▲ 더글러스사의 우수한 항공기 디자이너 아서 레이몬드가 설계한 DC-3기에는 항공기 제작 분야의 수많은 첨단 기술이 녹아 있다. 이 기종은 튼튼하면서도 비교적 가벼우며 매끈한 유선형을 자랑하는 반 모노코크 구조의 알루미늄 동체를 갖추고 있다.

준금속

# 규소 Silicon

발견 연도: 1824년     발견자: 옌스 야코브 베르셀리우스

**14**

**14 Si** Silicon 28.085

원자번호: 14
족: 14족
주기: 3주기
블록: p블록
원자량: 28.085

녹는점: 1414°C
끓는점: 3265°C
밀도: 2.329g/cm³ (상온 기준)
외관: 청회색 광택의 결정체

▲
순수한 규소는 청회색 광택이 나는 금속 반도체다. 여느 반도체처럼 규소 역시 온도가 증가하면 저항이 감소한다.

규소(실리콘)는 우주에서 8번째, 지각에서는 산소에 이어 2번째로 풍부한 원소다. 자연계에서 순수한 형태의 규소는 없으며, 산화규소(일명 실리카)와 규산염의 형태로만 존재한다. 규소에 해당하는 영어 단어 '실리콘'은 부싯돌을 가리키는 라틴어 단어인 실렉스(silex), 또는 실리시스(silicis) 등에서 유래했다. 부싯돌의 원료가 실리카였기 때문이다.

규소는 상업적 용도가 너무 다양하므로 굳이 광물에서 분리해낼 필요도 없다. 규산염 광물에는 점토와 실리카 모래를 비롯한 거의 모든 건축용 석재가 포함되어 있다. 규산염은 시멘트와 콘크리트 생산에도 결정적인 역할을 한다. 즉, 세상에 규소가 없다면 우리 주변의 건물은 지금과 너무 다른 모습으로 바뀌고 말 것이다. 그뿐 아니라 유리창, 유리컵, 안경 등도 모두 규소가 있어야만 만들 수 있다.

규소는 일상생활의 거의 모든 필요를 충족하는 것은 물론, 전혀 다른 분야인 첨단 기술 산업에서도 핵심적인 역할을 맡고 있다. 전기 반도체인 순수 규소는 컴퓨터, 스마트폰 등 마이크로일렉트로닉스 기기에 꼭 필요한 부품이다. 흔히 지난 수십 년을 정보화 시대 또는 디지털 시대라고 부르지만, 어쩌면 실리콘 시대라고 하는 편이 더 적절한 표현인지도 모른다.

사실 규소(silicon)와 우리가 아는 실리콘(silicone)은 다르다! 엄밀히 말하면 실리콘은 합성 고분자의 이름이고, 규소는 그 소재로 사용하는 물질이다. 합성 고분자인 실리콘은 대체로 무색의 기름이나 고무와 비슷한 형태를 띠며, 밀폐용 소재, 접착제, 그리고 전기와 열의 차단재로 널리 쓰인다. 의료 분야에서는 임플란트, 콘택트렌즈, 흉터 치료제 등에 사용된다.

# Si

◀
마이크로 회로 제어 장치에서 규소 소재의 지지 웨이퍼 위에 집적 회로 기판이 제작되고 있다.

반응성 비금속

# 인 Phosphorus

발견 연도: 1669년　　발견자: 헤니히 브란트

## 15
## P
Phosphorus
30.974

원자번호: 15
족: 15족
주기: 3주기
블록: p블록
원자량: 30.974

녹는점: **44.15°C**(백린), **-590°C**(적린)
끓는점: **280.5°C**(백린)
밀도: **1.823g/cm³**(백린, 상온 기준)
　　　**2.2~2.34g/cm³**(적린, 상온 기준)
외관: 밀랍 같은 고체(백린), 비정질 고체(적린)

▲
인회석, 즉 인산 암석 무기물은 오늘날 상업용 인의 주요 공급원이다. 주요 매장 지역은 모로코, 알제리, 튀니지 등이다.

과학이라고 하면 실험용 흰색 가운과 첨단 장비, 무균실 등을 떠올리는 사람은 인이 발견된 이야기를 듣고 환상이 깨질지도 모른다. 1669년, 독일의 연금술사 헤니히 브란트는 흔한 비금속을 은이나 금으로 바꿀 수 있다는 신화 속 물질인 '마법사의 돌'을 만들기 위해 애쓰고 있었다. 그가 생각한 방법은 사람의 소변을 대량으로 긁어모아 끓여보는 것이었다. 그랬더니 어둠 속에서 괴상한 빛을 내는 밀랍 같은 흰색 물질이 만들어졌다. 이 물질이 바로 백린(white phosphorus)이다. 이 이름은 '빛을 내는 물질'을 뜻하는 그리스어 단어 포스포로스(phosphoros)에서 왔다. 브란트는 자신이 발견한 이 원소를 광원으로 사용할 수 있다고 생각했지만, 너무나 쉽게 불이 붙는 성질 때문에 그런 목적으로는 너무 위험했다.

19세기에 인은 불이 잘 붙는 특성 때문에 결국 성냥개비 머리의 소재로 사용되었다. 그러나 인은 독성이 있어 하루 14시간씩 교대 근무에 매달리며 인 연기를 들이마셔야 하는 공장 근로자들의 건강에 치명적인 손상을 입혔다. 1888년에 성냥 회사 브라이언트앤메이 공장에서 일하던 여성 근로자들의 파업으로 인 생산이 중단되어 회사는 안전 기준을 개선할 수밖에 없었다. 결국 성냥 생산에 백린을 사용하는 것이 금지되었고, 그 결과 오늘날의 성냥갑은 50%의 적린이 함유된 선명한 붉은색을 띠게 되었다.

인은 오랜 기간 전쟁 무기로 사용되었다. 그중에서도 가장 끔찍했던 사건은 1943년 7월에 있었던 함부르크 공습이다. 얄궂게도 이곳은 헤니히 브란트가 인을 처음 발견한 도시다. 그러나 이 치명적인 원소와 산소가 결합하면 모든 생명체의 필수 영양분인 인산염($PO_4^{3-}$) 이 된다.

# P

▲ 성냥갑에서 성냥을 긋는 면에 바르는 적린은 한때 성냥개비 머리에 사용되던 독성 백린을 대체한 것이다.

**반응성 비금속**

# 황 Sulfur

발견 시기: 선사시대

**16**

16
**S**
Sulfur
32.06

원자번호: 16
족: 16족
주기: 3주기
블록: p블록
원자량: 32.06

녹는점: 115.21℃
끓는점: 444.6℃
밀도: 1.96g/cm$^3$ (상온 기준)
외관: 노란색 결정체나 분말

▲
황 결정체는 특유의 노란색을 띠지만, 연소할 때는 핏빛 액체와 청색 불꽃을 발한다.

42

황(sulfur)의 어원은 라틴어인 설퍼리움(sulfurium)이나 산스크리트어인 설베리(sulvere)에서 찾을 수 있지만, 이 원소에 관해서는 아주 오래전부터 사람들이 알았으므로 그 이름도 수없이 많다. 황을 가리키는 또 다른 영어 단어 브림스톤(brimstone)은 '불타는 돌'이라는 뜻이다. 여기서 한 가지 언급할 점은, 영국 영어 사용자들은 대체로 'sulphur'라는 철자를 선호하지만, 국제순수·응용화학연합(IUPAC)은 전 세계적으로 ph 대신 f 철자 사용을 권장한다는 사실이다.

황은 더 이상 정제할 필요 없는 순수한 형태로 지구상에 존재하지만, 오늘날 산업용 황의 대부분은 석유, 천연가스, 역청탄 등에서 황화수소의 형태로 얻는다. 전 세계에서 생산되는 황의 약 85%는 결국 황산으로 변한다. 이 물질은 비료 제조에 사용되는 인산염 광석을 추출하는 데 꼭 필요하다. 황은 성냥 제조와 살충제, 살균제 등으로도 사용된다. 이산화황과 아황산염은 박테리아를 죽이는 한편 음식의 산화와 갈변도 방지하므로 식품 방부제로 널리 쓰인다.

인체는 평균적으로 140g의 황을 함유하고 있다. 황은 필수 아미노산의 하나인 메티오닌의 핵심 성분이다. 사람이 황을 섭취하기에 좋은 식품으로는 육류, 생선, 달걀, 견과류, 병아리콩, 그리고 양파, 부추, 샬롯, 마늘 등의 파속 식물을 들 수 있다. 황은 우리가 살아가는 데 없어서는 안 되는 성분이지만, 입안의 박테리아가 휘발성 황 화합물을 방출하여 구취를 일으키므로 인간관계에 해악을 끼치는 존재이기도 하다. 황이 일으키는 이런 냄새를 방지하려면 무엇보다 평소 치아 위생에 세심한 주의를 기울이는 수밖에 없다.

◀ 아프리카계 미국인 작가 부커 워싱턴은 시칠리아의 유황 광산을 "내 평생 볼 광경 중에 지옥과 가장 가까운 것"이라고 했다. 사진에 나타난 인도네시아의 카와이젠 광산도 그가 말한 광경과 비슷하다.

반응성 비금속

# 염소 Chlorine

발견 연도: 1774년    발견자: 칼 빌헬름 셸레

**17**

17
**Cl**
Chlorine
35.45

원자번호: 17
족: 17족
주기: 3주기
블록: p블록
원자량: 35.45

녹는점: -101.5°C
끓는점: -34.04°C
밀도: 0.0032g/cm$^3$ (상온 기준)
외관: 옅은 황록색 기체

▲
암염은 나트륨(Na)과 염소(Cl)의 화합물로 구성된다. 바닷물이 증발하여 형성된 퇴적암 속에 존재한다.

'염소(chlorine)'라는 이름은 이 원소의 색인 황록색을 뜻하는 그리스어 단어 클로로스(chloros)에서 유래했다. 1774년 스웨덴 화학자 칼 빌헬름 셸레가 처음 발견했지만, 이것이 하나의 원소임이 증명된 것은 1810년에 영국 과학자 험프리 데이비에 의해서였다.

염소는 거의 모든 원소와 직접 결합할 수 있으므로 자연계에서 순수한 형태로는 존재하지 않는다. 염소를 상업적으로 생산하는 방법은 염수(NaCl 용액, 즉 식탁용 소금이다)를 전기 분해하는 것으로, 이른바 클로르알칼리라는 공정을 거쳐 염소 기체, 수소 기체, 수산화나트륨 등이 생성된다.

염소는 부식에 대단히 약하고 거의 모든 생명체에 치명적이다. 따라서 매우 위험하면서도 역설적으로 대단히 유용한 물질이기도 하다. 공기 중에 소량이라도 함유되면 눈과 목을 자극하는 성질이 있어 1차 세계 대전 기간(1914~1918)에는 끔찍한 독가스 무기로 활용되었다. 그러나 염소의 이런 독성은 박테리아를 죽이기 때문에 소독제로 사용할 때 큰 효과를 발휘한다. 염소는 수영장 물을 청소하고 식수를 정화하는 표백제로 쓸 수도 있다. 무엇보다 염소는 수많은 수인성 질환을 치료함으로써 무기로 사용되었던 것보다 훨씬 더 많은 생명을 구했다.

# Cl

▲ 흔히 PVC로 불리는 폴리염화비닐은 염소가 일상생활에 널리 사용되는 한 예다. 사진은 PVC 배수관을 쌓아둔 모습이다.

비활성 기체

# 아르곤 Argon

발견 연도: 1894년  발견자: 존 레일리, 윌리엄 램지

**18**

18
**Ar**
Argon
39.95

원자번호: 18
족: 18족
주기: 3주기
블록: p블록
원자량: 39.95

녹는점: -189.34°C
끓는점: -185.848°C
밀도: 0.001784g/cm³ (상온 기준)
외관: 무색 기체

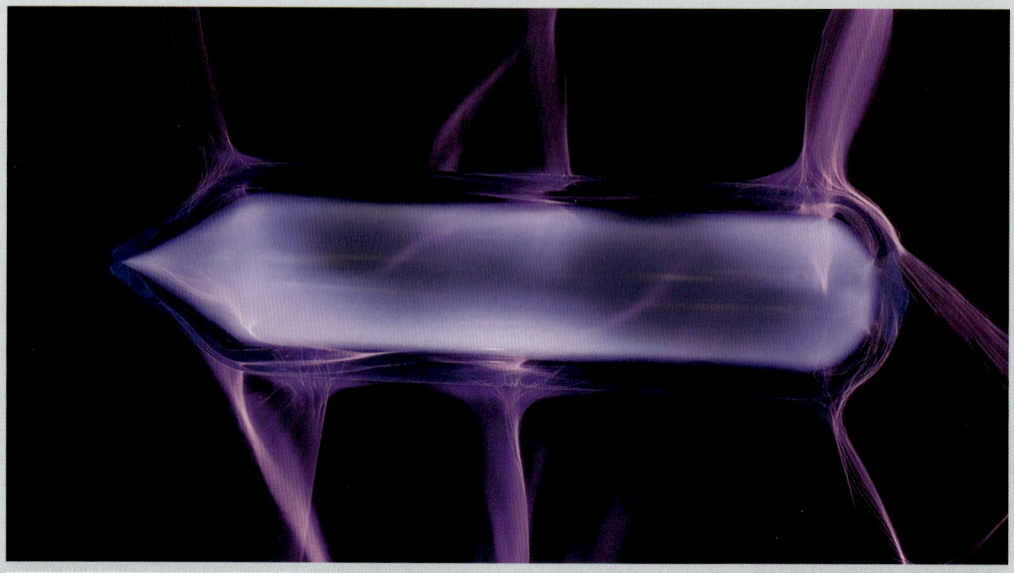

▲ 아르곤 기체는 방전관 내부에서 들뜬 상태가 되면 청자색 빛을 발한다.

# Ar

아르곤은 지구 대기에서 차지하는 비중이 0.93%로 질소(78.08%)와 산소(20.95%)에 이어 3번째로 풍부한 기체다. 아르곤이라는 이름은 다른 원소와 결합하지 않는 이 원소의 특성에 따라 '게으르다'라는 뜻의 그리스어 단어 아르고스(argos)에서 온 것이다. [아르곤을 담당하는 홍보팀이 있었다면 이 이름이 정해진 날 하필 휴일이었는지도 모른다. 이 원소와 똑같은 특징을 지닌 18족 전체에는 비활성(noble) 기체, 즉 영어로 '고귀하다'라는 긍정적인 이름이 붙었으니 말이다.]

아르곤은 바로 이 비활성이라는 특징 덕분에 여러모로 유용한 점이 많다. 우선, 이중 유리창 사이를 채워 열을 차단하는 기체로 사용된다. 또 박물관에서 문서를 전시할 때 진열장 내부에 아르곤을 채우면 곰팡이와 세균으로 인한 손상을 방지할 수 있다. 그 예는 미국 워싱턴DC의 의회 도서관에서도 찾아볼 수 있다. 1507년에 독일의 지도 제작자 마르틴 발트제뮐러가 작성한 세계 지도가 바로 아르곤을 채운 상자 속에 보관되어 있다. 이 지도는 세계 최초로 '아메리카'라는 단어가 기록되어 있어 '미국의 출생증명서'라는 별명이 붙었을 정도로 중요한 문서다. 아르곤은 물이나 거품에 민감한 장비가 설치된 곳에서는 냉각수나 소화 장비 대용으로 중요한 역할을 하기도 한다.

아르곤은 주기율표에서 바로 위에 있는 네온처럼 조명으로도 사용할 수 있다. 순수한 아르곤은 연보랏빛을 내지만, 아르곤과 수은을 섞으면 푸른빛을 발한다. 아르곤은 수은과 함께 절전용 전구의 충전재로 사용되는 경우도 많다.

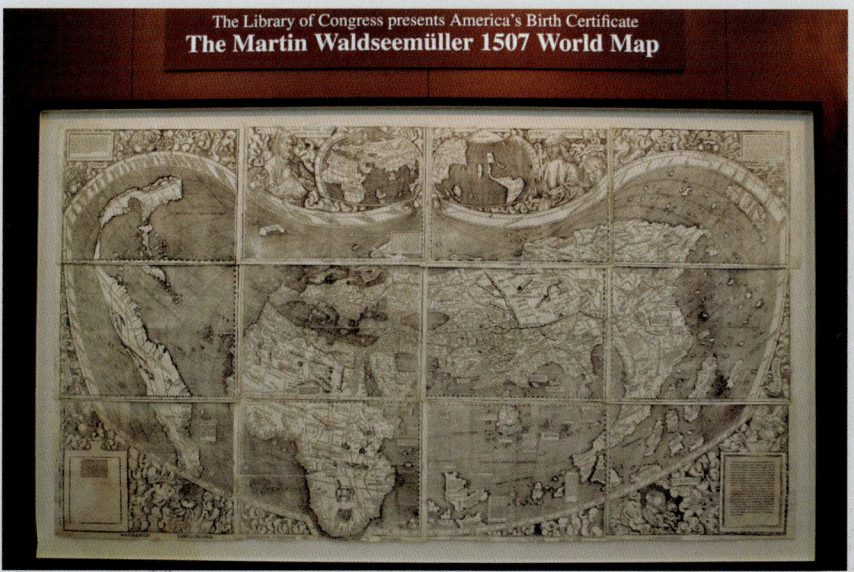

▲ 아르곤은 박물관 진열장에 보관된 귀중한 문서를 보호하는 데 사용된다. 사진은 미국 워싱턴DC 의회 도서관에 보관된 마르틴 발트제뮐러의 1507년작 세계 지도.

알칼리 금속

# 칼륨 (포타슘) Potassium

발견 연도: 1807년  발견자: 험프리 데이비

**19**

**19**

**K**

Potassium
39.098

원자번호: 19
족: 1족
주기: 4주기
블록: s블록
원자량: 39.098

녹는점: 63.5°C
끓는점: 757.643°C
밀도: 0.89g/cm³ (상온 기준)
외관: 연질 은색 금속

▲ 칼륨을 상업적으로 생산할 때는 사진처럼 칼륨염과 나트륨염이 층을 이루며 혼재된 붉은 광물을 사용한다.

칼륨(포타슘)은 대기에 노출되면 곧바로 색이 변하는 연질의 은색 금속이다. 따라서 보통 오일이나 그리스 피막을 입힌 상태로 보관한다. 주기율표 1족에 속한 칼륨은 반응성이 커서 물과 접촉하면 연보랏빛 불꽃을 내며 탄다. 영어명인 '포타슘'은 식물과 나무 재를 물에 적셔 섞어 만든 포타시(potash)에서 온 말이다. 이 혼합물은 멀리 청동기 시대부터 직물을 표백하고 유리와 도자기, 비누 등을 만드는 데 사용되었다. 원소기호 K는 라틴어 단어 칼륨(kalium)에서 왔고, 이것은 다시 '알칼리'를 뜻하는 아랍어 단어 칼리(qali)에서 유래한 것이다.

칼륨은 거의 모든 생명체에 필요하다. 인체에서도 체액과 전해질의 균형을 유지하고 신경과 근육이 제대로 작동하도록 하는 등 여러 기능을 맡고 있다. 또 과일과 채소에 함유된 칼륨염은 뼛속에서 칼슘과 산을 일정하게 유지하므로 골다공증 예방에 특히 중요하다. 칼륨이 풍부한 식품으로는 감자, 참마, 견과류, 바나나, 아보카도, 말린 살구, 초콜릿(단것을 좋아하는 분들에게 좋은 소식이다) 등이 있다.

# K

▲ 바나나, 견과류, 말린 과일 등은 모두 인체에 필요한 칼륨의 공급원으로 좋다.

알칼리 토금속

# 칼슘 Calcium

발견 연도: 1808년　　발견자: 험프리 데이비

**20**

| | |
|---|---|
| 20 **Ca** Calcium 40.078 | 원자번호: 20　　녹는점: 842℃<br>족: 2족　　끓는점: 1484℃<br>주기: 4주기　　밀도: 1.55g/cm³ (상온 기준)<br>블록: s블록　　외관: 연질 은백색 금속<br>원자량: 40.078 |

▲ 자연계에 존재하는 탄산칼슘($CaCO_3$)의 한 형태인 방해석에는 1,000종 류가 넘는 결정체가 있다.

# Ca

칼슘은 지각에서 5번째로 풍부한 원소이며, 금속 중에서는 철과 알루미늄에 이어 3번째 비중을 차지한다. 반응성이 매우 크므로 자연계에서는 순수한 형태보다는 탄산칼슘, 황산칼슘, 불화칼슘 등의 화합물로 존재한다. 우리에게는 석회석, 석고, 형석이라는 이름으로도 익숙하다. '칼슘'이라는 이름은 석회석을 가열해서 얻는 '석회'를 뜻하는 라틴어 단어 칼스(calx)에서 유래했다.

칼슘은 거의 모든 생명체에 없어서는 안 되는 물질로, 특히 뼈와 치아가 건강하게 자라는 데 꼭 필요하다. 일반적으로 인체에 함유된 칼슘의 양은 1~1.2kg 정도이며 그중 대부분은 뼈에 저장되어 있다. 나머지는 혈액 세포의 합성과 작동, 근육 수축 조절, 혈액 응고 및 신경 전달 촉진 등의 일을 한다. 칼슘을 공급하는 식품으로는 치즈, 우유, 푸른잎채소, 빵 등이 있고, 정어리나 뱅어처럼 뼈째 먹는 생선도 좋다.

순수 칼슘은 철강 생산과 알루미늄, 베릴륨, 구리, 납 및 마그네슘 등의 합금 제조에 사용된다. 석회석은 건축 자재로 사용된다. 사실 이것은 4,500년 전 고대 이집트의 피라미드까지 거슬러 올라가는 유구한 전통을 따른 것이다. 당시에도 석회석과 그 파생물인 생석회, 소석회 등으로 만든 시멘트와 석고가 건축 자재로 사용되었다. 따라서 칼슘이 없었다면 우리가 사는 집이든 우리 몸이든 지금에 비해 훨씬 허약했으리라고 봐도 좋다.

▲ 튀르키예 남서부 파묵칼레 지역의 온천에서 나온 칼슘 퇴적물이 퇴적암을 형성하여 웅장한 계단식 웅덩이를 만든 모습.

전이 금속

# 스칸듐 Scandium

발견 연도: 1879년    발견자: 라르스 프레드릭 닐손

**21**

### 21
## Sc
Scandium
44.956

원자번호: 21
족: 3족
주기: 4주기
블록: d블록
원자량: 44.956

녹는점: 1541°C
끓는점: 2836°C
밀도: 2.985g/cm³ (상온 기준)
외관: 은백색 금속

▲ 99.99% 순도의 스칸듐 시편은 표면이 은색을 띤다. 대기에 노출되면 표면이 노란색이나 분홍색을 띠며 산화한다.

52

1869년에 드미트리 멘델레예프는 원소 주기율표를 만들면서 나중에 가벼운 금속이 발견되리라고 확신하며 스칸듐을 위한 공간을 비워두었다. 그리고 정확히 10년 후에 그의 예측이 옳았음이 증명되었다. 1879년에 스웨덴의 과학자 라르스 프레드릭 닐손이 미량의 스칸듐 산화물을 분리했고, 그는 새로 발견된 이 원소를 자신의 고향인 스칸디나비아를 따서 스칸듐이라고 명명했다. 순수한 스칸듐은 이후 1937년에 와서야 염화스칸듐을 전기 분해함으로써 비로소 얻게 되었다.

오늘날 스칸듐의 전 세계 연간 생산량은 약 15톤에서 20톤 사이이며, 수요와 생산이 모두 증가하고 있다. 스칸듐은 알루미늄과 무게가 거의 비슷하지만 녹는점이 높아 항공기 제작 소재로 적합하다. 알루미늄-스칸듐 합금은 러시아의 미그-21과 미그-29 전투기 동체 제작에 사용되었고, 실내 하키 스틱, 야구 배트, 자전거 프레임 등 스포츠 장비 소재로도 큰 가치를 지니고 있다.

1970년대부터 1980년대까지 이 원소의 방사성 동위원소인 스칸듐-46은 동독의 국가안보부 슈타지가 반체제 인사로 의심되는 사람을 추적하는 데 사용하기도 했다. 요원들은 용의자들의 접선 장소로 의심되는 곳의 바닥이나 지폐에 스칸듐-46 용액을 뿌려두고 가이거 계수기를 몸에 묶은 채 사람들의 동작을 추적하고자 했다. 이것은 그런 계획이 실제로 행해졌음을 보여주는 최초의 사례였고, 그 계획에 관련된 모든 사람의 건강이 위험에 처했음은 물론이다.

▲ 폴란드 공군 소속 미그-29 전투기에는 알루미늄-스칸듐 합금으로 제작한 부분이 포함되어 있다.

전이 금속

# 타이타늄 Titanium

발견 연도: 1791년    발견자: 윌리엄 그레거

22
**Ti**
Titanium
47.867

원자번호: 22
족: 4족
주기: 4주기
블록: d블록
원자량: 47.867

녹는점: 1668℃
끓는점: 3287℃
밀도: 4.506g/cm³(상온 기준)
외관: 단단한 은색 금속

22

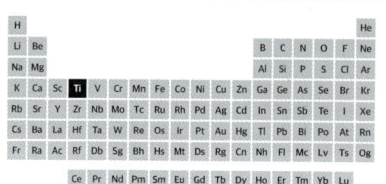

▲ 일메나이트는 타이타늄을 함유한 가장 일반적인 광석이자, 윌리엄 그레거가 타이타늄이라는 새로운 원소를 처음 발견한 광물이다.

타이타늄은 지각에서 9번째로 풍부한 원소이며, 그리스 신화의 타이탄 신에서 이름을 따왔다. 타이탄은 제우스나 하데스 같은 올림피아 신이 아직 등장하기 전 세대의 신으로, 이 금속처럼 강인한 힘을 상징했다.

타이타늄은 강철만큼 강하면서 그보다 훨씬 가볍고 밀도가 낮다. 알루미늄, 몰리브데넘, 철 등과 합금하여 경량성과 강도, 내부식, 내열 등의 특성이 중요한 항공기, 미사일, 우주선의 소재로 사용하는 귀중한 금속이다.

타이타늄 합금은 골프채를 비롯한 스포츠 장비, 자전거 프레임, 목발 등의 소재로도 사용되며, 유연성이 뛰어나 이를 소재로 안경테를 만들면 실수로 그 위에 걸터앉더라도 원형을 회복한다. 타이타늄은 뼈에 잘 붙고 인체가 거부 반응을 일으키지 않아 인공 관절이나 임플란트 치아로도 훌륭하게 사용된다.

타이타늄의 가장 일반적인 화합물인 이산화타이타늄($TiO_2$)은 그 밝고 불투명한 특성으로 광범위한 상업적 용도를 지닌 흰색 고체다. 타이타늄 백색 안료는 1910년대에 개발되자마자 그 전까지 널리 사용되던 연백 안료에 비해 훨씬 더 안전한 대체제로 인정되었다. 이 안료는 미술 분야뿐만 아니라 치약, 종이, 잉크, 심지어 음식에서도 찾아볼 수 있다. 현재 전 세계적으로 연간 약 460만 톤의 이산화타이타늄이 안료로 사용된다.

▲ 타이타늄은 강도와 경량성을 겸비하여 자전거 프레임의 소재로 각광받고 있다. 사진은 2017년 두바이 모터쇼에서 선보인 데로사 자전거의 타이타늄 프레임.

전이 금속

# 바나듐 Vanadium

발견 연도: 1801년  발견자: 안드레스 마누엘 델 리오

**23**

23
**V**
Vanadium
50.942

원자번호: 23  녹는점: 1910℃
족: 5족  끓는점: 3407℃
주기: 4주기  밀도: 6.11g/cm³ (상온 기준)
블록: d블록  외관: 청회색 금속
원자량: 50.942

▲ 독특한 적색 결정체인 갈연석은 바나듐의 생산에 필요한 주요 원광석이다.

바나듐이라는 이름은 북유럽의 여신 프레이야의 여러 이름 중 하나인 바나디스(Vanadis)에서 따온 것이다. 이 원소가 여신과 마찬가지로 여러 종류의 아름다운 화합물을 형성하기 때문에 선택된 이름이었다. 그런데 이 밝은 흰색의 연질 금속을 최초로 발견한 사람은 원래 다른 이름을 생각하고 있었다. 멕시코에서 연구하던 스페인의 과학자 안드레스 마누엘 델 리오는 1801년에 이 원소를 발견했을 때 이것이 형성하는 염이 다양한 색상을 띠는 것을 보고 '판크로뮴'이라는 이름을 지었다. 그는 나중에 이들 염을 가열하거나 산으로 처리하면 빨갛게 바뀐다는 것을 알고 '빨간색'을 뜻하는 그리스어 단어 '에리트로늄'으로 이름을 바꿨다.

그러나 1830년에 스웨덴의 화학자 닐스 가브리엘 세프스트룀이 따로 이 원소를 발견한 후 '바나듐'이라고 불렀다. 델 리오가 뒤늦게 항의했지만 결국 이 이름이 그대로 굳어졌다.

19세기 말부터 지금까지 바나듐의 가장 큰 용도는 강철에 첨가하여 합금 강도를 크게 향상하는 것이었다. 따라서 바나듐은 기어, 크랭크샤프트, 자전거 프레임, 공구, 수술 기구 등 부식이나 마모로 인해 큰 피해를 입을 수 있는 곳이라면 어디든지 사용된다. 매년 전 세계에서 생산되는 바나듐 중 약 85%가 철강 생산에, 10%는 타이타늄 합금에, 나머지 5%는 기타 용도에 사용된다.

▲ 고탄소 몰리브데넘-바나듐강의 용도는 다양하다. 전문 요리사용 칼도 그중 하나다.

전이 금속

# 크로뮴 Chromium

24

발견 연도: 1797년　　발견자: 루이 니콜라 보클랭

| 24 **Cr** Chromium 51.996 | 원자번호: 24<br>족: 6족<br>주기: 4주기<br>블록: d블록<br>원자량: 51.996 | 녹는점: 1907°C<br>끓는점: 2671°C<br>밀도: 7.15g/cm³(상온 기준)<br>외관: 단단한 은색 금속 |

▲ 순수한 크로뮴 금속은 광택이 나고 부식에 강하다. 또 모든 원소 중에서 탄소, 붕소에 이어 세 번째로 경도가 높다.

은회색 금속인 크로뮴은 주기율표 6족의 첫 번째 원소이며 높은 경도와 내부식성으로 호평받고 있다. 크로뮴은 그 화합물 중에 강렬한 색을 띠고 있는 것이 많아 '색'이라는 뜻의 그리스어 단어 크로마(chroma)에서 이름을 땄다. 루비가 빨간색을 띠고 에메랄드가 녹색 빛을 내는 이유는 이들 보석에 미량의 크로뮴이 함유되어 있기 때문이다.

크로뮴의 이렇게 화려하고 밝은 색채는 햇빛에 노출되어도 바래지 않기 때문에 안료로서 큰 가치를 발휘한다. 바로 이런 이유로 크로뮴 황색은 미국의 스쿨버스와 유럽 각국 우체통의 색상으로 선택되기도 했다. 그러나 이 안료는 환경과 안전에 관한 이유로 점차 유기물 안료로 대체되는 추세다.

크로뮴은 스테인리스강을 구성하는 핵심 원소이다. 스테인리스강의 가장 일반적인 형태는 철에 크롬 18%와 니켈 10%를 섞어 만든 것이다(일상생활에서 흔히 마주치는 스테인리스강 나이프나 포크에 '18/10'이라는 표시가 새겨진 이유다). 크로뮴을 철에 전기 도금하여 녹방지 효과를 내기도 한다. 클래식 자동차와 오토바이가 화려하게 반짝이는 것도 크로뮴 도금 때문이다.

미량의 크로뮴은 인체에 인슐린이 작용하는 데도 필요하며, 또 RNA에도 존재한다. 인체 내에 존재하는 크롬의 총량은 대체로 1mg에서 12mg 사이이다.

▲ 사진의 포드 썬더버드 자동차에는 빛이 비치면 지나가는 이들의 눈길을 사로잡을 크로뮴 장식이 군데군데 자리 잡고 있다.

[전이 금속]

# 망가니즈 Manganese

발견 연도: 1774년  발견자: 요한 고틀리에브 간

## 25

### ²⁵Mn
Manganese
54.938

원자번호: 25
족: 7족
주기: 4주기
블록: d블록
원자량: 54.938

녹는점: 1246°C
끓는점: 2061°C
밀도: 7.21g/cm³ (상온 기준)
외관: 잘 부서지는 은색 금속

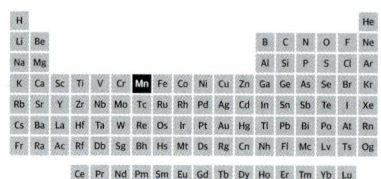

 망가니즈는 단단하고 부서지기 쉬운 금속으로, 순수한 상태에서는 은회색을 띠지만 대기에 노출되면 색이 변한다.

망가니즈(망간)는 지각에서 5번째로 풍부한 금속이다 (망가니즈는 화학 기호가 Mn이고, 마그네슘은 Mg이다. 혼동할 수 있으니 주의하자). 망가니즈의 주요 원광석인 망가니즈석은 대개 이산화망가니즈로 구성되어 있다. 화학식으로는 $MnO_2$이다. 오늘날 알칼리 배터리나 아연-탄소 배터리 생산에 사용되는 이산화망가니즈는 인공으로 합성되지만, 이미 수천 년 전부터 인류는 자연계에 이산화망가니즈가 존재한다는 것을 알고 있었다. 고대에는 흑갈색 안료로 귀하게 사용되었고, 그 유명한 프랑스의 라스코 동굴 벽화를 화학적으로 분석했더니 망가니즈 안료가 포함되었음이 밝혀지기도 했다.

순수한 망가니즈는 주로 철강 생산에 사용되며, 전 세계 망가니즈 생산량의 85~90%가 이 용도에 투입된다. 일반적인 철강은 약 1%의 망가니즈를 함유하여 합금 강도는 물론 가공성과 내마모성을 증대한다. 망가니즈 함량이 11~15%인 철강은 강도가 매우 높아 콘크리트 혼합기, 철도 건널목 자재, 금고, 방탄용 보관함 등의 제작에 사용된다.

전 세계 망가니즈 매장량의 약 80%는 남아프리카공화국에 존재한다. 그다음으로는 호주, 브라질, 중국, 가봉, 인도, 우크라이나 등에도 중요한 매장지가 있다. 또 전 세계의 해저에도 약 5,000억 톤의 망가니즈단괴가 존재하지만, 이들을 효과적으로 수확할 방법은 아직 발견되지 않고 있다.

망가니즈는 모든 생명체에 필요하며, 인체에 함유된 양은 약 12mg 정도다. 망가니즈는 다양한 효소 기능에 필요하며 포도당 대사 작용에도 관여한다. 사람들이 망가니즈를 섭취하는 주요 식품은 곡물과 견과류, 사탕무, 해바라기씨, 올리브, 아보카도, 차 등이다.

# Mn

▲ 1만 7,000년 전에 제작된 라스코 동굴 벽화에도 흑갈색 망가니즈 안료가 사용되었다.

전이 금속

# 철 Iron

발견 시기: 늦어도 기원전 3500년

26
**Fe**
Iron
55.845

26

| | | | |
|---|---|---|---|
| 원자번호: 26 | | 녹는점: 1538°C | |
| 족: 8족 | | 끓는점: 2861°C | |
| 주기: 4주기 | | 밀도: 7.87g/cm³ (상온 기준) | |
| 블록: d블록 | | 외관: 회색 금속. 대기에 노출되면 오렌지색으로 녹슨다. | |
| 원자량: 55.845 | | | |

▲ 산화철($Fe_2O_3$)의 가장 일반적인 형태인 적철석은 철 생산 소재로 중요한 광석이다.

철은 지구에서 가장 풍부한 원소다. 사실 지구의 핵에는 지름이 2,500km에 달하는 철 덩어리가 있고 그 주위를 엄청난 양의 용융 철이 둘러싸고 있을 것으로 생각된다.

이런 어마어마한 양의 철이 발생하는 자기장은 지구를 우주 방사선의 피해로부터 지켜주고, 우리는 나침반을 통해 자북 방향을 알 수 있어 지구의 곳곳을 돌아다닐 수 있다. 철 따라 대규모로 이동하는 동물들 역시 지구의 자장을 일종의 체내 '위성항법장치'로 삼는다.

최초의 철기 유물은 기원전 3500년경 이집트에서 발견되었고, 약 2,000년 후에는 히타이트족이 최초로 광석에서 철을 제련해냈다. 산업 혁명 시기에는 용광로를 통한 코크스 제련법의 발명으로 철 생산이 급속히 확대되었고, 결국 엄청난 양의 주철이 생산되었다. 철은 수천 년 동안 무기, 차량, 도구, 다리, 건물 등을 만드는 데 없어서는 안 되는 물질로서 인류 경제 발전에 핵심적인 역할을 해왔다.

구조재로서 철의 가장 큰 약점은 대기에 노출되면 산화한다는, 즉 녹이 슨다는 것이다. 이를 방지하기 위해서는 아연을 사용하여 도금하거나 주석으로 코팅하는 등의 방법이 있다. 일상생활에서 눈에 띄는 일은 거의 없지만 철은 산소에 노출되지 않을 때 표면이 은색을 띤다.

철은 강한 구조재로서 인간 사회의 필수 기능을 수행하는 것 외에 인체 그 자체에 꼭 필요한 철분을 제공하기도 한다. 인체에 철분이 부족하면 적혈구가 줄어들어 빈혈, 피로, 호흡 곤란 등이 발생한다.

## Fe

▲ 런던 그리니치에 있는 화려한 장식의 구 왕립 해군대학 정문의 소재는 연철이다.

[전이 금속]

# 코발트 Cobalt

발견 연도: 1730년  발견자: 게오르그 브란트

**27**

### 27
## Co
Cobalt
58.933

원자번호: 27
족: 9족
주기: 5주기
블록: d블록
원자량: 58.933

녹는점: 1495°C
끓는점: 2927°C
밀도: 8.9g/cm³ (상온 기준)
외관: 단단한 청회색 금속

⚠ 코발트는 단단하고 반짝이는 금속으로 대기에 노출되면 산화 피막을 형성한다.

코발트는 단단한 은색 금속으로, 주기율표 9족의 첫 번째 원소다. 코발트는 '도깨비'라는 뜻의 독일어 단어 코볼트(Kobold)에서 온 이름이다. 사실 그 전부터 코발트가 포함된 광석을 채굴하던 사람들은 이것을 '도깨비 광석'이라고 불렀다. 이 광석은 제련할 때 비소가 포함된 독성 연기를 내뿜었으므로, 은이나 금을 채굴하던 사람들은 이 광물을 될 수 있는 한 피하려고 했기 때문이다.

코발트는 고대로부터 깊고 생생한 빛깔의 '코발트 블루'로 이름을 떨치며 중요한 안료로 취급받았다. 화학식으로는 $CoAl_2O_4$, 즉 알루미늄산 코발트다.

코발트는 이런 색상 덕분에 회화, 유리 제품, 도자기 등에 사용되었을 뿐만 아니라 유리병에 첨가되어 그 내용물이 햇빛에 변하지 않도록 보호하는 기능도 발휘했다. 오늘날에도 이 원소의 다채로운 화합물은 코발트 녹색, 코발트 바이올렛, 코발트 황색, 세룰리언 청색(영화 <악마는 프라다를 입는다>에서 메릴 스트립이 언급하면서 더 유명해졌다) 등의 색깔을 뽐내고 있다. 또 다른 상용 분야로는 리튬 이온 배터리, 고강도 금속 합금, 전기 도금 등을 들 수 있다.

코발트는 코발라민, 즉 비타민 B12의 구성 원소이므로 모든 동물에게 필요한 물질이기도 하다. 비타민 B12는 신경계의 기능과 적혈구 생성, 그리고 음식의 대사를 돕고 DNA 합성에도 관여한다. 비타민 B12를 섭취하기에 가장 좋은 식품은 육류, 닭고기, 생선, 달걀, 유제품, 그리고 곡물로 만든 음식이 있다.

Co

▲ 고대부터 코발트는 도자기, 보석, 페인트, 그리고 사진의 와인잔 같은 유리 제품에 선명한 파란색을 더하는 역할을 해왔다.

전이 금속

# 니켈 Nickel

발견 연도: 1751년    발견자: 악셀 프레드릭 크론스테트

## 28

### Ni
Nickel
58.693

원자번호: 28
족: 10족
주기: 4주기
블록: d블록
원자량: 58.693

녹는점: 1455°C
끓는점: 2730°C
밀도: 8.908g/cm$^3$ (상온 기준)
외관: 금빛이 감도는 은색 금속

▲ 은백색에 황금빛이 살짝 감도는 니켈 금속은 수천 년 전부터 사용되었고 오늘날 배터리, 기타 줄, 철강, 기타 합금 등을 포함한 수많은 제품에 포함된다.

# Ni

니켈은 금빛이 감도는 단단한 은색 금속이다. 니켈이라는 이름은 독일에서 나는 '쿠페르니켈(kupfernickel)'이라는 광석에서 유래했다. 이 말은 '악마의 구리' 또는 '도깨비 구리'라는 뜻으로, 꼭 구리가 들어 있는 것처럼 보이지만 사실 구리가 전혀 나오지 않는 광석이어서 붙은 이름이었다. 따라서 니켈의 기원은 주기율표의 바로 옆에 있는 코발트의 경우와 비슷한 셈이다. 한 과학자(이번에는 스웨덴의 화학자 악셀 프레드릭 크론스테트)가 악성 광물에서 새로운 원소를 분리해냈다는 점에서 말이다.

사실 니켈의 존재는 고대부터 알려져 있었다. 가장 오래된 기록에 따르면 기원전 3500년경부터 사용되었다고 한다. 오늘날 니켈의 주요 용도는 금속 합금 제조로, 전 세계 니켈 생산량의 약 68%가 스테인리스강에 들어간다. 다른 용도로는 전기 도금, 충전식 배터리, 동전 주조 등이 중요하다. 미국의 5센트 동전은 니켈로 불리지만, 실제로는 니켈 25%와 구리 75%의 합금이다.

니켈은 식물, 곰팡이, 박테리아, 고세균류(단세포 유기체) 등 다양한 생명체의 필수 원소지만, 인간에게도 그런지는 아직 공식 확인되지 않았으며 미국 의학연구소(IOM)나 영국 국민보건서비스(NHS)에서도 일일 권장량을 제시한 적은 없다. 사람은 평균 70~100㎍(마이크로그램)의 니켈을 섭취한다고 추정되며, 그중에서도 우리가 흡수하는 양은 10%에 지나지 않는다. 니켈이 풍부한 식품은 콩류, 초콜릿, 귀리, 대두, 씨앗 및 견과류 등이나, 특정 식품에 함유된 니켈의 정확한 양은 재배 토양에 따라 얼마든지 달라진다.

◀
1864년에 프랑스 식민지 개척자들이 뉴칼레도니아 군도에서 발견한 니켈 매장지는 전 세계 매장량의 25%를 차지한다.

전이 금속

# 구리 Copper

발견 시기: 선사시대

**29**

29
## Cu
Copper
63.546

원자번호: 29
족: 11족
주기: 4주기
블록: d블록
원자량: 63.546

녹는점: 1084.62℃
끓는점: 2562℃
밀도: 8.96g/cm³(상온 기준)
외관: 적황색 금속

▲ 구리는 여러 광물에서 찾아볼 수 있다. 이들 광석을 처리하여 산업용 순수 동재를 생산한다.

# Cu

구리는 질기고 쉽게 늘어나는 황분홍색 금속으로, 대기에 장시간 노출되면 교회 첨탑이나 풍향계에서 흔히 보이듯이 연녹색으로 산화한다. 구리의 존재는 이미 수천 년 전부터 알려졌고, 인간이 사용한 증거는 1만 년이 넘는 유적에서도 발견된다. 구리의 영어명이 카퍼(copper)인 까닭은 로마 시대에 구리가 가장 많이 채굴된 곳이 키프로스(Cyprus)였기 때문이다. '키프로스의 금속'을 뜻하는 라틴어 에스 키프리움(aes Cyprium)이 쿠프룸(cuprum)으로 변했고, 결국 영어에서 카퍼로 자리 잡았다. 현재 구리 광석의 가장 큰 매장지는 캐나다, 칠레, 페루, 미국, 콩고민주공화국, 잠비아 등에 있다.

구리는 전기 전도성이 우수하여(그보다 전도성이 더 좋은 원소는 은이 유일하다) 전기 장비와 전선을 생산하는 데 널리 사용된다. 합금 제조에도 사용되며 실제로 인류가 만든 최초의 합금은 구리와 주석의 혼합물, 즉 청동이었다. 청동은 강도와 경도가 고루 우수하고 성형이 쉬워 각종 공구와 무기 소재로는 최적의 금속이었다. 심지어 이 금속이 사용되던 시기 자체를 청동기 시대라 부를 정도로 중요했다. 이후 로마 시대에 들어와 구리와 아연을 합금한 황동이 등장했고, 이 금속은 오늘날에도 여전히 흔하게 사용되고 있다.

구리는 여러 번 재활용해도 원래의 성질이 사라지지 않는다는 매우 보기 드문 특징이 있다. 놀랍게도 역사상 채굴된 모든 구리의 80%가 지금도 여전히 사용되는 것으로 추정된다.

구리는 특정 효소 작용을 돕는 역할로 인해 모든 생물에 필수 원소이며, 인체 함유량은 평균 70mg 정도다. 인체에서 철분이 하는 것처럼 구리는 무척추동물의 체내에 산소를 운반하는 역할을 한다. 다시 말해 문어, 나비, 달팽이, 굴 등의 동물에는 인간처럼 붉은 피가 아니라 푸른 피가 흐른다는 뜻이다.

◂ 구리로 만든 가정용 프라이팬은 열과 전기 전도성이 좋다. 그러나 구리는 반응성 금속이므로 조리 과정에서 구리가 음식에 스며들지 않도록 안감을 댄 제품을 사용하는 것이 좋다. 결국 안전면에서는 그리 좋은 소재가 아닌 셈이다.

전이 금속

# 아연 Zinc

발견 시기: 고대    발견자: 순수 아연은 1746년에 안드레아스 마르그라프가 분리

**30**

### 30 Zn
Zinc
65.38

- 원자번호: 30
- 족: 12족
- 주기: 4주기
- 블록: d블록
- 원자량: 65.38
- 녹는점: 419.53℃
- 끓는점: 907℃
- 밀도: 7.14g/cm³ (상온 기준)
- 외관: 은백색 금속

▲ 섬아연석(산화아연)은 가장 중요한 아연 광석으로, 전체 아연 생산량의 약 95%를 차지한다.

# Zn

아연은 푸른색이 감도는 은색 금속으로, 대기에 노출되면 색이 변한다. 징크(Zinc)라는 이름은 독일어로 '뾰족한 갈래'라는 뜻의 징케(Zinke)에서 왔다. 아연을 제련하면 끝이 날카롭고 뾰족한 결정체가 되기 때문에 붙은 이름이다.

아연은 인체 내 300종이 넘는 효소와 1,000개 이상의 전사 인자가 작용하는 데 핵심적인 역할을 한다. 따라서 아연은 이 책에 다 열거할 수 없을 정도로 많은 역할이 있지만, 우선 면역 체계, 신진대사, 상처 치유를 담당하고 미각과 후각 등에도 관여한다. 와인이나 맥주를 즐기는 사람이라면 누구나 간에서 알코올의 탈수소 효소로 활약하는 아연에 빚지고 있는 셈이다. 즉, 이 효소는 우리가 마신 술을 해독해준다. 아연 성분을 섭취할 수 있는 식품은 붉은 고기, 닭고기, 고영양 곡물, 견과류, 완두콩, 씨앗 등이 있다. 전 세계적으로 아연 결핍에 따른 전염병 감염, 설사, 영양실조, 간 및 신장 질환, 당뇨병 등에 시달리는 사람이 무려 20억 명에 이른다.

아연이 고대부터 사용되었다는 증거는 기원전 14세기경의 유물로 보이는 유대 황동(구리에 아연이 23% 함유된 합금)이 발견된 데서도 알 수 있다. 오늘날 아연의 주요 용도는 아연 도금 철판, 배터리, 금속 합금 등이다. 아연 화합물은 탈취제, 식이 보충제, 비듬 방지 샴푸, 발광 페인트, 화장품, 자외선 차단제 등 광범위하다.

▲ 굴은 육류, 가금류, 기타 해산물, 콩류 및 통곡물과 함께 아연을 섭취할 수 있는 훌륭한 식품이다.

전이후 금속

# 갈륨 Gallium

발견 연도: 1875년  발견자: 폴 에밀 르코크 드 부아보드랑

**31**

31
## Ga
Gallium
69.723

원자번호: 31
족: 13족
주기: 4주기
블록: p블록
원자량: 69.723

녹는점: 29.7646℃
끓는점: 2403℃
밀도: 5.91g/cm³ (상온 기준)
외관: 은청색 금속

▲ 순수 갈륨은 연질의 은색 금속으로, 상온보다 약간 높은 온도에서 녹는다.

Ga

드미트리 멘델레예프는 주기율표를 작성하면서 당시에는 아직 발견되지도 않았던 갈륨의 존재도 예측했다. 그는 이 금속이 13족의 알루미늄과 특성이 유사할 가능성이 크다고 예상하여 '에카알루미늄(eka-aluminium)', 즉 '알루미늄 밑에 와야 할 금속'이라고 불렀다.

갈륨은 연질의 은색 금속으로, 액체 상태에서는 은백색으로 변한다. 1875년에 프랑스의 화학자 폴 에밀 르코크 드 부아보드랑이 이 금속을 발견한 뒤 프랑스를 뜻하는 라틴어 단어 '갈리아(Gallia)'에서 이름을 따왔다. 당시에는 혹시 그가 '수탉'을 뜻하는 라틴어 단어 갈루스(gallus)를 살짝 비튼 것은 아닌지 의심한 이도 있었다. 수탉을 프랑스어로 르 코(le coq)라고 하는데 그것이 바로 그의 성이었기 때문이다. 물론 그는 전혀 사실이 아니라고 부인했다(지금까지 그 어떤 과학자도 자신의 이름을 원소명으로 삼은 사례는 없다. 그러나 무슨 일이든 처음은 항상 있기 마련이다).

갈륨이 생명체에 미치는 역할은 아직 알려지지 않았으나 임상 시험 결과 질산갈륨이 일부 암에 치료 효능이 있다는 보고가 있고, 핵의학 영상 기술에 사용되기도 한다. 이를 갈륨 스캔이라고 한다.

산업계에서 갈륨의 98%는 반도체에 사용되므로 기술적으로 중요한 원소로 대우받는다. 갈륨은 태양전지판이나 청색 및 녹색 LED(발광 다이오드), 집적 회로, 핸드폰 등 현대인의 생활에 꼭 필요한 여러 제품에 적용되고 있다.

◀ 갈륨은 녹는점이 사람의 체온보다 낮은 29.76℃이므로 고체 갈륨 한 조각을 몇 분만 손에 쥐고 있으면 액체가 된다.

준금속

# 저마늄 Germanium

발견 연도: 1886년　　발견자: 클레멘스 빙클러

**32**

| 32 **Ge** Germanium 72.63 | 원자번호: 32<br>족: 14족<br>주기: 4주기<br>블록: p블록<br>원자량: 72.63 | 녹는점: 938.25°C<br>끓는점: 2833°C<br>밀도: 5.323g/cm³(상온 기준)<br>외관: 은백색 준금속 |

▲ 저마늄은 반짝이며 잘 부서지는 금속으로, 1886년에 처음으로 발견되었다.

# Ge

저마늄(게르마늄)은 주기율표에서 바로 앞에 나오는 갈륨처럼 그 존재가 알려지기도 훨씬 전에 드미트리 멘델레예프가 예측한 원소였다. 그는 14족에서 바로 위에 있는 원소의 이름을 따 이 원소를 '에카규소'이라고 불렀다. 멘델레예프는 이 원소의 원자량을 약 72.64로 예측했다. 그리고 1886년에 클레멘스 빙클러가 실제로 이 원소를 발견했을 때 원자량은 72.59였다. 꽤 인상적인 일이 아닐 수 없다. 저마늄이라는 이름은 빙클러의 고국인 독일(Germany)에서 따온 것이다.

저마늄은 같은 족의 위층에 있는 규소는 물론 아래층의 주석과도 많은 공통점이 있다. 외관도 규소와 유사하여 반짝이는 은백색에 잘 부서지는 성질이 있다. 저마늄은 반도체로, 반도체 기술이 태동하던 10년 동안만 해도 이 용도로는 유일한 원소였지만, 오늘날에는 다른 원소들이 이 자리를 차지하고 있다. 저마늄은 굴절률이 커서 현미경, 광각 카메라 렌즈, 광섬유, LED, 태양 전지 등 광학 분야에 다양하게 사용된다. 산업용 저마늄은 주로 아연, 은, 납, 구리 광석, 그리고 석탄 발전소에서 나오는 재에서 추출하여 생산한다.

▲ 규소-저마늄 합금은 고속 메모리 칩 제조에 적합한 반도체다.

준금속

# 비소 Arsenic

발견 연도: 1250년경   발견자: 알베르투스 마그누스

**33**

33
## As
Arsenic
74.922

원자번호: 33
족: 15족
주기: 4주기
블록: p블록
원자량: 74.922

녹는점/끓는점: 616°C(고체에서 기체로 직접 승화)
밀도: 5.727g/cm³(상온 기준)
외관: 은회색 준금속

▲ 비소는 독성으로 악명이 높은 회색 금속이다.

원소를 두고 인기투표가 벌어진다면 아마도 맨 위는 금과 은이 차지하고, 위험해서 더욱 유명한 원소들(플루토늄, 우라늄)이 맨 아래에 자리할 것이다. 그러나 해골과 뼈 십자가로 된 경고 표시를 가장 크게 받을 원소는 역시 원자번호 33번의 비소이리라.

회색과 노란색, 검은색의 동소체로 존재하는 이 원소는 고대부터 그 독성이 잘 알려졌다. 기원전 370년에 이미 그리스 의사 히포크라테스는 이 원소가 독이라는 사실을 알았지만, 한편으로는 궤양 치료제로 써도 된다고 기록했다. 약으로서의 비소의 명성은 빅토리아 시대까지 이어져 파울러 용액이라는 이름의 강장제와 안색을 희게 하는 미용제로도 널리 사용되었다. 그뿐만 아니라 살인 무기로도 적합했다. 쉽게 구할 수 있고, 향이 강하지 않으며, 피해자의 신체에 조금씩 쌓이면서 광범위한 부작용을 일으켜 별다른 의심을 사지 않았기 때문이다.

비소는 사람들이 의식적으로 사용하지 않았을 때도(자발적이든 아니든) 빅토리아 시대 가정에서 레이스 방부제, 녹색 안료, 살충제, 벽지 항진균제 등 다른 쓰임새가 있었다. 마지막으로 1821년 세인트헬레나섬에 유배되어 있던 나폴레옹 1세가 사망할 때도 비소가 쓰였다고 한다.

비소는 평판이 그리 좋지 않음에도 여전히 여러 산업 분야에 사용되고 있으며, 그중에서도 납에 미량 첨가되어 합금 강도를 증대하는 역할이 가장 중요하다. 또 청동과 불꽃놀이의 원료, 반도체 소재 등으로도 사용된다.

As

◀
양치식물인 사다리봉의꼬리(학명은 *Pteris vittata*)의 원산지는 온대 지역인 유라시아, 아프리카, 호주 등이다. 토양에서 흡수한 비소를 잎에 대량으로 축적하므로 오염된 땅에서 비소를 없애는 환경정화용 식물로 쓸 수 있다.

반응성 비금속

# 셀레늄 Selenium

34

발견 연도: 1817년    발견자: 옌스 야코브 베르셀리우스

**34 Se**
Selenium
78.971

원자번호: 34
족: 16족
주기: 4주기
블록: p블록
원자량: 78.971

녹는점: 221°C
끓는점: 685°C
밀도: 4.81g/cm$^3$ (회색, 상온 기준)
외관: 은회색 금속 또는 붉은색 분말

▲ 셀레늄은 여러 동소체로 존재한다. 즉, 하나의 원소가 다양한 물리적 형태를 취한다. 사진에 보이는 회색 셀레늄은 반도체이며 대기에 노출되어도 잘 산화되지 않는다.

고전과 천문학을 좋아하는 사람이라면 셀레늄이라는 이름이 정해진 이야기를 매우 좋아할 것이다. 그 이름은 그리스 신화 속 달의 여신 셀레네에서 유래했다. 셀레늄을 달에 비유한 이유는 이 원소가 그 전에 발견된 텔루륨(tellurium)이라는 원소와 화학적으로 비슷했는데, 그 이름이 바로 '지구'를 뜻하는 라틴어 단어 텔루스(tellus)를 딴 것이었기 때문이다.

셀레늄은 빨간색 비정질 분말, 검은색 유리질 구슬, 회색 결정의 금속 격자 등 다양한 동소체로 존재한다. 전 세계 셀레늄 생산량의 약 절반이 유리 제조에 사용된다. 셀레늄의 가치는 철분의 영향으로 유리에 흔히 보이는 노란색이나 녹색 자국을 빨간색으로 상쇄해준다는 점에 있다. 셀레늄은 내리쬐는 광량에 따라 전기 저항이 변하는 성질이 있어 복사기, 카메라 광도계, 태양 전지, 광전지 등의 소재로 사용된다.

셀레늄은 동물의 필수 미량 원소이며, 인체 내에서는 면역 체계를 지원하고 세포와 조직의 손상을 방지한다. 그러나 셀레늄을 너무 많이 섭취하면 머리카락과 손톱이 빠지거나 구취, 피로, 과민성 증상 같은 부작용이 발생할 수 있다. 셀레늄은 이런 독성 덕분에 비듬 방지 샴푸의 활성 성분으로도 널리 쓰인다. 두피에 사는 비듬 유발 곰팡이가 이 독에 죽기 때문이다.

Se

◀ 셀레늄은 육류, 견과류, 버섯, 곡물 등에 존재하므로 사람이 섭취해서 보충할 수 있는 중요한 미량 원소다. 사진의 브라질너트에는 셀레늄이 다량 함유되어 있다.

반응성 비금속

# 브로민 Bromine

발견 연도: 1826년
발견자: 앙투안 제롬 발라르(프랑스), 칼 야코브 뢰비히(독일, 1825년)

**35**

### 35
## Br
Bromine
79.904

원자번호: 35
족: 17족
주기: 4주기
블록: p블록
원자량: 79.904

녹는점: -7.2℃
끓는점: 58.8℃
밀도: 3.1028g/cm³(상온 기준)
외관: 적갈색 액체

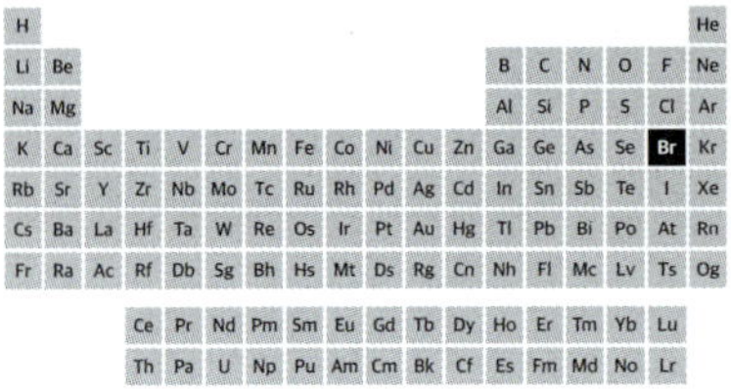

▲
상온에서 브로민은 적갈색의 액체이며, 비슷한 색의 기체로 쉽게 증발한다.

브로민이라는 이름은 그리스어로 '악취'라는 뜻의 브로모스(bromos)에서 따온 것으로, 이 원소의 특성을 정확히 짚은 것이었다. 독일의 칼 야코브 뢰비히와 프랑스의 앙투안 제롬 발라르가 각각 독자적으로 발견했는데, 사실은 뢰비히가 발라르보다 한 해 먼저인 1825년에 이 원소를 분리했지만 발라르가 먼저 발표하여 공식적인 발견자로 인정받았다.

브로민은 상온에서 적갈색 액체로 존재한다. 상온에서 액체로 존재하는 원소는 브로민과 수은밖에 없다. 브로민은 그 이름에서도 알 수 있듯이 톡 쏘는 냄새가 나며 비슷한 색의 기체로 쉽게 증발한다. 반응성이 커서 자연계에 순수한 브로민은 존재하지 않는다. 대신 중국, 이스라엘, 미국 등의 브로민이 풍부한 염수 연못에서 기체로 증발한다.

유기 브로민 화합물은 가열하면 유리 화학 연쇄 반응을 억제하는 프로세스를 통해 브로민의 자유 원자를 생성한다. 유기 브로민 화합물의 이런 성질은 난연제에 적합하므로 가구에 들어가는 폼 충전재나 전자 제품을 안전하게 포장하는 플라스틱 상자로 쓰인다. 브로민은 수영장과 온천에서 수질 소독제로도 사용되며, 염소에 비해 냄새가 약한 것이 장점이다.

인체에도 브로민화물이 미량으로 존재하나 생체에서 담당하는 역할은 알려진 바가 없다. 브로민 원소는 인간에게 독성을 미쳐 눈과 코, 목 등을 자극하고 피부 화상을 유발한다.

▲ 사해의 바닷물에는 4,500~5,000ppm의 브로민이 포함되어 있어 이스라엘과 요르단이 이 원소의 주요 생산지가 되었다.

**비활성 기체**

# 크립톤 Krypton

발견 연도: 1898년    발견자: 윌리엄 램지, 모리스 트래버스

**36**

36
## Kr
Krypton
83.798

원자번호: 36
족: 18족
주기: 4주기
블록: p블록
원자량: 83.798

녹는점: -157.37°C
끓는점: -153.415°C
밀도: 0.00375g/cm³ (상온 기준)
외관: 무색 기체

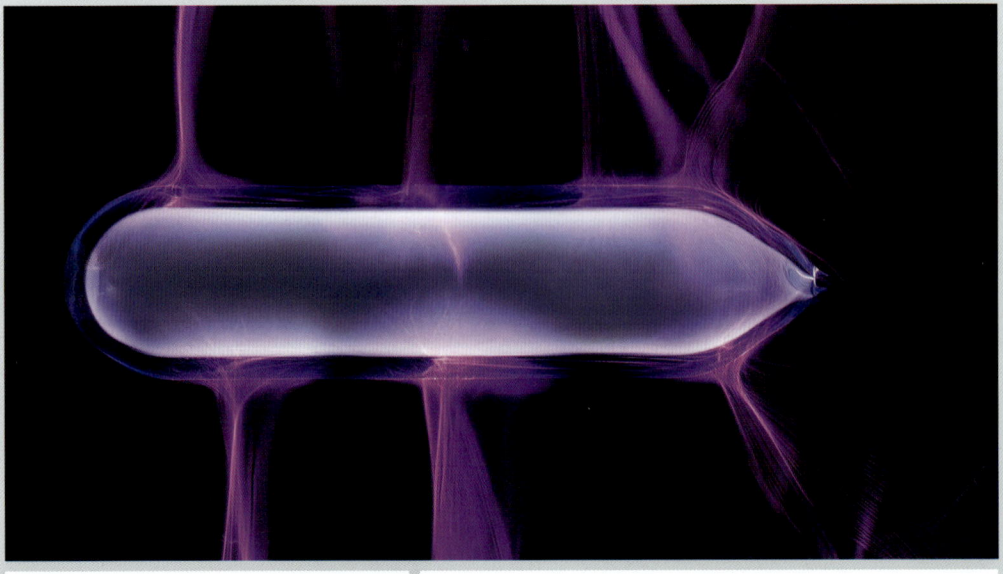

▲
이온화된 크립톤 기체는 특유의 청백색 빛을 발한다.

# Kr

크립톤은 화학 반응을 하지 않고 무색무취에다 맛도 없는 기체, 즉 전형적인 18족 원소인 비활성 기체다. 이름은 그리스어로 '숨어 있는 것'이라는 뜻인 크립토스(kryptos)에서 왔다. 1898년에 영국의 화학자 윌리엄 램지와 모리스 트래버스가 새로운 원소를 찾기 위해 액체 공기의 여러 성분을 증발시키다가 발견했다. 그들이 크립톤을 발견한 지 몇 주 후에 윌리엄 램지는 똑같은 프로세스를 통해 네온을 분리했고, 그는 이런 비활성 기체를 발견한 공로로 1904년에 노벨 화학상을 받았다.

크립톤은 카메라 플래시 전구의 흰색 밝은 빛을 내는 데 사용되며, 수은과 함께 밝은 청록빛의 디스플레이를 만드는 데도 쓰인다. 크립톤이 내는 빛은 밝기가 매우 강해 공항 활주로의 고출력 램프에 사용된다. 크립톤이 생체에 작용하는 역할이나 독성은 없다. 그러나 기체를 마시면 마치 마취 효과가 있으므로 누출되면 위험할 수도 있다.

1960년부터 1983년까지 크립톤은 1m를 정의하는 국제 공인 기준으로 사용되었다. 크립톤 동위원소 Kr-86에서 방출되는 빛의 파장을 1m로 정의한 것이다(이 정의는 1983년에 빛이 진공 상태에서 2억 9,979만 2,458분의 1초 동안 이동하는 거리로 바뀌었다).

▲ 크립톤 램프는 매우 밝은 빛으로 비행기를 안전하게 공항 활주로로 안내한다.

알칼리 금속

# 루비듐 Rubidium

37

발견 연도: 1861년    발견자: 구스타프 키르히호프, 로베르트 분젠

### 37 Rb
Rubidium
85.468

원자번호: 37
족: 1족
주기: 5주기
블록: s블록
원자량: 85.468

녹는점: 39.3°C
끓는점: 688°C
밀도: 1.532g/cm³ (상온 기준)
외관: 은백색 금속

▲ 이 유리 앰플에는 반응성이 매우 강한 루비듐 금속이 들어 있어서 공기나 물과 만나지 않도록 조심히 보관해야 한다.

# Rb

루비듐은 연질의 은백색 금속으로, 1861년에 독일의 화학자 로베르트 분젠과 구스타프 키르히호프가 화염 분광법이라는 신기술을 통해 발견했다. 먼저 리튬과 칼륨이 들어 있는 레피도라이트라는 광물을 용해한 후, 다른 원소가 제거되고 남은 원소의 원자 스펙트럼을 조사했다. 이렇게 새로 분리된 원소의 방출 스펙트럼에서 강렬한 붉은색 선 두 개를 관찰한 그들은 라틴어로 '진홍색'이라는 뜻인 루비두스(rubidus)에 착안하여 이름을 루비듐으로 정했다.

루비듐은 1족의 다른 원소와 마찬가지로 반응성이 매우 커서 물과 만나면 격렬하게 반응하고 공기에 노출되면 자연 발화할 수도 있다. 이를 방지하기 위해 루비듐을 보관할 때는 기름이나 그리스 피막으로 보호해야 한다.

루비듐은 이 책에 소개된 다른 원소에 비하면 생산량이나 사용량이 많지는 않다. 가장 중요한 용도는 연구 분야로, 광전지, 특수 유리 제작, 그리고 진공관에서 미량 기체를 제거하는 '포집 원소' 등으로 사용된다. 루비듐은 주기율표 바로 아래에 있는 원소인 세슘과 마찬가지로 원자시계에도 사용된다. 연구 목적 외에는 불꽃놀이에서 보라색 불꽃을 내는 역할이 있다.

루비듐이 생체에서 맡은 역할은 아직 알려지지 않았으나 칼륨과 특성이 비슷하므로 인체 세포에 축적될 수도 있다. 이런 특성 때문에 의료 영상 기술, 특히 뇌종양 스캔에 많이 사용된다.

◀ 불꽃이 폭발할 때 보라색이 보이는 것은 루비듐 때문이다.

알칼리 토금속

# 스트론튬 Strontium

발견 연도: 1790년   발견자: 아데어 크로포드

**38**

### 38 Sr
Strontium
87.62

- 원자번호: 38
- 족: 2족
- 주기: 5주기
- 블록: s블록
- 원자량: 87.62
- 녹는점: 777℃
- 끓는점: 1377℃
- 밀도: 2.64g/cm³ (상온 기준)
- 외관: 연질 은색 금속

▲ 천청석은 이 광물이 투명하고 옅은 파란색을 띤다고 해서 이름이 붙었다. 황산스트론튬의 여러 광물 중 하나이며, 스트론튬 원소를 얻는 주요 공급원이다.

스트론튬은 연질의 은백색 금속으로 물과 격렬하게 반응하며 상온에서 미세한 분말이 되면 자연 발화한다. 지구상에 15번째로 많은 원소이면서도 다른 원소와 결합하여 화합물을 이루려는 성질이 있어 순수 상태로 존재하지는 않는다(순수한 스트론튬을 우연히 발견한다면 큰 행운일 것이다). 자연계에는 주로 스트론티안석과 천청석이라는 광물로 존재하며, 스트론튬이라는 이름은 그것이 처음 발견된 스코틀랜드 납 광산에서 남쪽으로 5km 정도 떨어진 스트론티안(Strontian)이라는 마을에서 따온 것이다.

스트론튬은 그 화려한 붉은빛으로 불꽃놀이에 주로 쓰이며, 무기 화합물인 알루민산스트론튬은 낮에 빛을 흡수했다가 어두워지면 몇 시간에 걸쳐 빛을 방출하는 성질이 있어 어둠 속에서 빛나는 플라스틱과 페인트의 활성 성분이 된다. 한때는 텔레비전 브라운관(CRT) 유리로 많이 사용되기도 했다. 브라운관에 빛이 투과할 때 색이 변하지 않으면서 X선도 방출하지 않는 특성 때문이었다. 당시에는 스트론튬 총생산량의 4분의 3이 브라운관 유리로 사용되었으나, 평면 스크린 기술의 등장으로 브라운관 텔레비전이 대거 밀려나면서 이 수요는 크게 줄었다.

스트론튬의 동위원소인 스트론튬-90은 핵실험과 누출 사고로 방사능 위험이 초래될 때마다 무서운 이름으로 기억되곤 한다. 반감기가 29년이나 되므로 이런 사고가 한번 발생하면 방사능 수치는 수 세기가 지나야 무시할 수 있을 정도가 되며, 뼈와 골수에 축적되는 경향이 있어 뼈암과 백혈병을 유발할 수 있다. 그러나 바로 이 동위원소가 방사선 치료와 방사성 추적 물질로 요긴하게 활용된다.

▲ 우크라이나 체르노빌에서 원자력 발전소 사고가 난 후 방사성 동위원소 스트론튬-90이 낙진으로 발견되었다. 재난이 발생한 지 몇 주 후인 1986년 5월에 찍은 사진이다.

전이 금속

# 이트륨 Yttrium

발견 연도: 1794년　　발견자: 요한 가돌린

**39**

### 39
### Y
Yttrium
88.906

원자번호: 39
족: 3족
주기: 5주기
블록: d블록
원자량: 88.906

녹는점: 1526°C
끓는점: 2930°C
밀도: 4.472g/cm³ (상온 기준)
외관: 연질 은색 금속

▲ 이트륨은 고도로 결정화된 연질 은백색 금속이다.

이트륨은 이 원소가 발견된 곳과 가까운 스웨덴의 이터비(Ytterby) 마을에서 온 이름이다. 이 마을의 이름은 나중에 이 책에서 만날 란탄족의 세 원소에서도 등장한다. 그것은 바로 터븀(65번), 어븀(68번), 그리고 이터븀(70번)이다. 핀란드의 화학자 요한 가돌린은 이 테르바이트라는 광물에서 산화이트륨($Y_2O_3$)을 발견했는데, 이 광물은 나중에 그를 기리는 뜻에서 가돌리나이트로 이름이 바뀌었다. 결정 형태의 부드러운 은회색 금속인 순수 이트륨은 1828년에 이르러서야 독일의 화학자 프리드리히 뵐러가 분리했다.

이트륨은 생명체에서 하는 역할은 없지만 모든 유기체에 미량이 존재하며, 인체에는 평균 약 0.5mg이 함유되어 있다. 이트륨을 들이마시면 폐와 간이 영구적으로 손상된다. 그러나 방사성 동위원소인 이트륨-90은 백혈병, 림프종, 뼈, 난소, 대장, 췌장 등의 암을 치료하는 효능이 있다. 이트륨은 다양한 산업에 사용된다. 마그네슘 및 알루미늄과 합금을 이루어 강도를 높이고, 인조 석류석 생산에 사용되기도 한다. 인조 석류석은 보석일 뿐 아니라 피부 박피술, 치과, 안과 등의 치료에 필요한 의료용 레이저 기술에도 사용된다. 이트륨은 고성능 점화 플러그의 전극으로, 유로퓸과 결합하여 브라운관(CRT) 화면의 빨간색 화소로, 나아가 초전도체로도 쓰이는 등 다양한 분야에서 활약하고 있다.

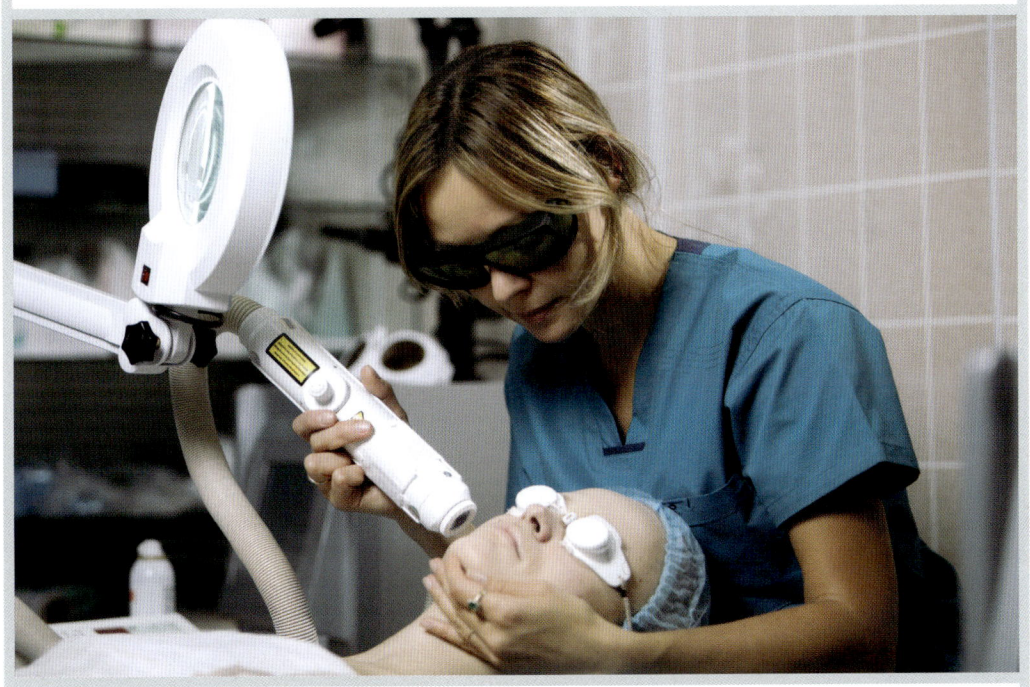

▲ 네오디뮴이 도핑된 이트륨-알루미늄-가넷(Nd:YAG) 레이저는 실핏줄, 혈관 모반 등 다양한 피부 문제의 치료에 사용된다.

전이 금속

# 지르코늄 Zirconium

발견 연도: 1789년  발견자: 마르틴 하인리히 클라프로트

**40**

40
**Zr**
Zirconium
91.224

원자번호: 40
족: 4족
주기: 5주기
블록: d블록
원자량: 91.224

녹는점: 1852°C
끓는점: 4377°C
밀도: 6.52g/cm³ (상온 기준)
외관: 은백색 금속

▲ 지르코늄은 강하고 반짝이는 전이 금속으로, 상온에서 질기고 잘 늘어나며 고체 상태를 유지한다.

지르코늄은 주기율표 4족에 속하는 단단한 은회색 금속이다. 이 이름은 페르시아어로 '금색'을 뜻하는 자르군(zargun)에서 왔다. 은색 금속인데 왜 이런 이름이 붙었을까 의아하게 생각할 수 있지만, 원래 이 단어는 노란색과 주황색, 심지어 빨간색까지 다양한 색으로 존재하는 이 금속의 원광석, 즉 지르콘(zircon)과 관련된 이름이었다.

오늘날 지르코늄이 가장 많이 사용되는 분야는 원자로다. 지르코늄은 중성자를 흡수하지 않으므로 노관 소재로 안성맞춤이다. 원자로 1기당 100km에 달하는 지르코늄 합금 관이 사용되는 것을 생각하면 전 세계 지르코늄 사용량 중 90%가 이 분야에 들어가는 것도 놀라운 일이 아니다. 지르코늄 금속은 우수한 내열성이 필요한 제트 엔진, 가스 터빈, 우주선 등에도 사용된다. 지르코늄도 타이타늄처럼 표면에 산화 피막이 얇게 형성되어 산, 알칼리, 해수 등에 대한 내부식성이 크므로 이런 종류의 부식이 발생할 수 있는 파이프, 잠금 부품. 열교환기 등에 널리 쓰인다.

지르코늄은 이산화지르코늄($ZrO_2$), 즉 큐빅 지르코니아일 때 더욱 화려한 용도를 자랑한다. 이 화합물은 눈으로 볼 때 다이아몬드와 거의 구분되지 않는다. 이 화합물은 채굴을 하지 않고 실험실에서 생산되므로 다이아몬드보다 훨씬 저렴하며 둘의 차이는 전문가가 봐야만 알 수 있다.

Zr

▲ 지르코늄은 강하고 반짝이는 전이 금속으로, 상온에서 질기고 잘 늘어나며 고체 상태를 유지한다.

전이 금속

# 나이오븀 Niobium

발견 연도: 1801년   발견자: 찰스 해쳇

**41**

41
**Nb**
Niobium
92.906

원자번호: 41
족: 5족
주기: 5주기
블록: d블록
원자량: 92.906

녹는점: 2477℃
끓는점: 4744℃
밀도: 8.57g/cm³ (상온 기준)
외관: 은색 금속

▲ 나이오븀은 그리 유명한 원소는 아니나 전자기기, 특수 합금강, MRI 촬영 장비에 들어가는 초전도 자석 등으로 맹활약하고 있다.

나이오븀은 비교적 밀도가 낮고 잘 늘어나는 연질의 회색 금속이다. 1801년 영국 화학자 찰스 해쳇이 코네티컷주에서 채취되어 대영박물관에 소장되어 있던 광물 표본에서 이 원소를 발견한 후, 미국을 기념하는 뜻으로 '컬럼븀(columbium)'이라는 이름을 붙였다. 그 후 1844년에 독일의 화학자 하인리히 로제가 그리스 여신 니오베(Niobe)의 이름을 따서 원소명을 나이오븀으로 바꿨다. 그의 논리는 나이오븀이 주기율표 5족에서 바로 아래에 있는 탄탈럼과 구별하기 어려운 데다 마침 니오베가 탄탈루스의 딸이므로 적당한 이름이라는 것이었다. 이후 두 이름이 모두 사용되다가 1949년에 와서야 IUPAC가 나이오븀을 공식 원소명으로 지정했다. 그러나 이렇게 명칭이 공식적으로 바뀌었음에도 여전히 과거의 습관을 버리지 못한 이들이 있다. 실제로 미국 지질조사국은 여전히 이 원소를 '컬럼븀'이라고 칭한다.

나이오븀의 가장 큰 용도는 자동차, 항공기, 파이프라인 등에 사용되는 합금강이다. 나이오븀은 니켈, 코발트, 철 등과 함께 초합금을 이루어 내열성이 가장 중요한 제트 엔진, 가스 터빈, 터보차저 및 연소 장비 등에 사용된다.

나이오븀은 주기율표상 바로 옆에 있는 지르코늄과 함께 보석으로 사용되기도 한다. 나이오븀은 저자극성을 띠며 가열 혹은 양극 산화하면 다채로운 색상으로 눈길을 끈다. 이런 특성으로 여러 국가의 기념주화에 사용되기도 했다. 지난 20년간 오스트리아 조폐국은 과학 기술 분야의 최신 주제를 담은 화려한 투톤 디자인의 25유로 특별 나이오븀 동전을 발행해왔다. 최근 주화는 빅데이터, 스마트 모빌리티, 외계 생명체 및 지구 온난화의 4가지 주제를 담은 것이었다.

**Nb**

▲ 나이오븀의 주요 매장지는 호주, 브라질, 캐나다, 콩고민주공화국, 모잠비크, 나이지리아, 르완다 등에 있다.

전이 금속

# 몰리브데넘 Molybdenum

42

발견 연도: 1781년    발견자: 페테르 야코브 옐름

### 42 Mo
Molybdenum
95.95

- 원자번호: 42
- 족: 6족
- 주기: 5주기
- 블록: d블록
- 원자량: 95.95
- 녹는점: 2623℃
- 끓는점: 4639℃
- 밀도: 10.28g/cm³(상온 기준)
- 외관: 은백색 금속

▲ 몰리브데넘은 자연계에 휘수연석($MoS_2$) 같은 광물로 존재한다. 순수한 몰리브데넘은 은회색 금속이다.

몰리브데넘은 지각에서 58번째, 해양에서는 25번째로 풍부한 원소다. 매우 연질의 은백색 금속이며 모든 원소 중에서 가장 우수한 열전도체다. 원소명은 그리스어로 '납'이라는 뜻의 몰리브도스(molybdos)에서 왔는데, 이 원소가 발견된 휘수연석을 당시 사람들은 납 광석으로 오인했기 때문이었다.

전 세계 몰리브데넘 매장량은 약 1,900만 톤으로 추정되고, 매장지는 주로 중국, 미국, 남미 등에 있다. 연간 생산량은 약 19만 톤이다. 순수한 몰리브데넘은 쉽게 부서지나 금속 합금이 되면 강도와 내열성이 증가한다. 몰리브데넘 함량이 0.25%에서 8% 사이인 '몰리브데넘강'이 전체 몰리브데넘 수요의 약 4분의 3을 차지한다. 몰리브데넘은 녹는점이 높아 유리 용해로의 전극과 전기 필라멘트 등의 소재로 사용된다.

몰리브데넘의 동위원소는 39개로 알려져 있다. 그 중 하나인 몰리브데넘-99는 테크네튬-99의 원 동위원소로 생산되어 연간 약 4,000만 회의 의료 영상 촬영에 사용된다.

인체에서 몰리브데넘은 유전자 물질의 복구와 구축을 담당하는 효소의 생산 및 작용에 관여한다. 몰리브데넘을 섭취할 수 있는 식품은 유제품, 통곡물, 바나나, 잎채소, 소고기, 닭고기, 달걀 등이다.

# Mo

▲ 몰리브데넘강은 1차 세계 대전 당시 영국 탱크의 방탄 소재로 사용되었다.

전이 금속

# 테크네튬 Technetium

43

발견 연도: 1937년　　발견자: 카를로 페리에, 에밀리오 세그레

43
## Tc
Technetium
[98]

원자번호: 43
족: 7족
주기: 5주기
블록: d블록
원자량: [98]

녹는점: 2157℃
끓는점: 4265℃
밀도: 11g/cm³(상온 기준)
외관: 방사성 은색 금속

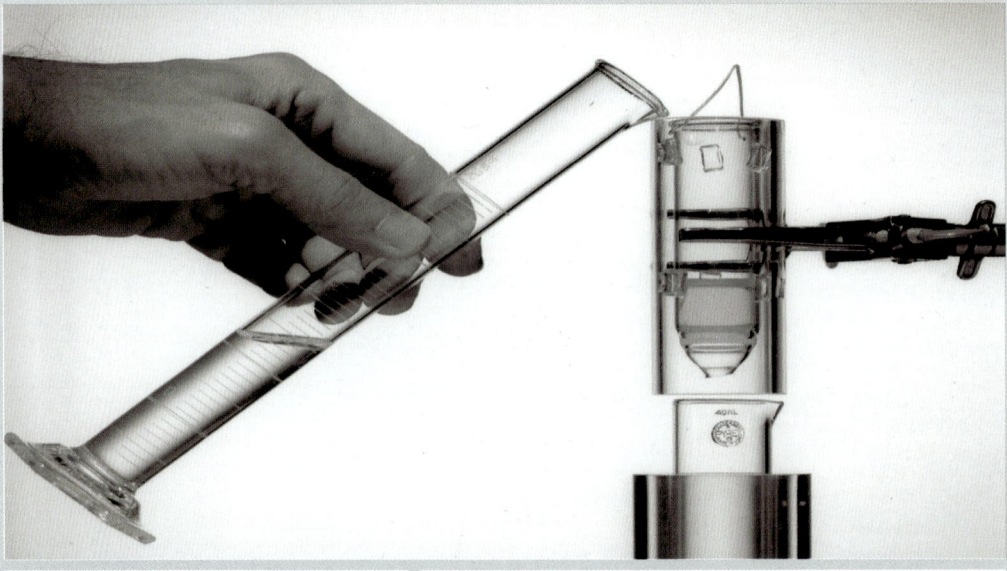

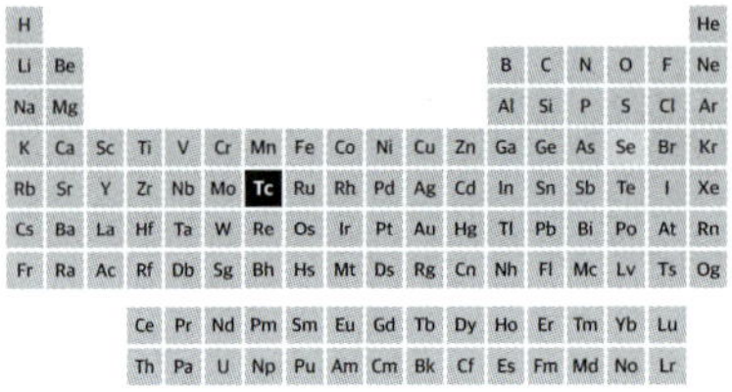

▲ 최초의 테크네튬-99m 생성자를 사용하여 붕괴 중인 몰리브데넘-99 시료로부터 준안정 상태의 테크네튬 동위원소를 만들어냈다.

원자번호 43번인 테크네튬은 자연 상태의 화합물에서 분리되지 않고 인공으로 합성된 것으로는 최초의 원소다. 그 사실은 이름에서도 알 수 있다. 그리스어로 '만든 것'이나 '기교' 등을 뜻하는 테크네토스(technetos)는 이 원소가 실험실에서 만들어졌음을 암시한다. 테크네튬의 존재는 오랫동안 학자들에게 신비의 영역이었다. 드미트리 멘델레예프가 테크네튬의 특성을 예측하고 주기율표 바로 아랫자리의 원소를 생각하며 '에카망가니즈'라는 이름을 붙이기까지 했지만, 이후로 아무도 이 원소를 찾지 못했다. 테크네튬이 자연계에 존재하지 않았던 이유는 그것이 방사성을 띠는 데다 가장 오래 지속되는 동위원소조차 반감기가 420만 년에 불과하기 때문이었다. 420만 년의 반감기란 인간의 눈으로는 아주 오랜 기간처럼 보이지만, 지구가 형성될 당시 테크네튬이 혹시 존재했더라도 오래전에 흔적도 없이 사라지고 말았음을 의미한다.

1925년 발터 노다크, 오토 베르크, 이다 타케 등 3명의 독일 화학자가 원자번호 43번 원소를 발견했다고 주장하며 '마수륨'이라고 명명했으나 그들의 실험을 다른 곳에서 재현하는 데 실패했고, 결국 그들의 발견은 무효로 돌아갔다. 이후 1937년에 이르러, 이탈리아 팔레르모대학교의 카를로 페리에와 에밀리오 세그레가 미국 캘리포니아대학교 버클리의 어니스트 로렌스 가속기연구소에서 몰리브데넘 원자에 중수소를 가속·충돌함으로써 테크네튬 동위원소 2개를 발견하는 데 성공했다.

오늘날 테크네튬-99 동위원소는 의료 검사 용도는 물론 합금 내에서 부식 방지제로도 사용할 수 있다. 그러나 방사성이 너무 강해서 이런 용도도 밀폐 시스템에서만 사용할 수 있고, 그 응용 범위도 제한적이다.

**Tc**

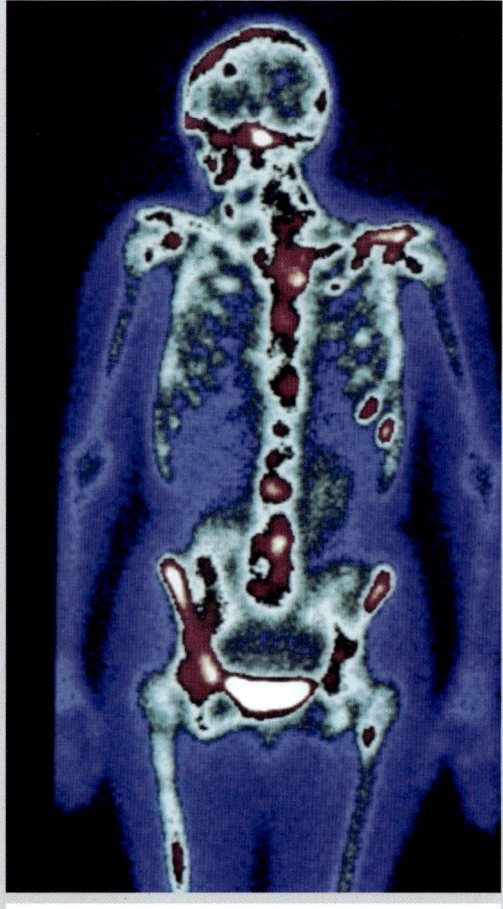

▲
테크네튬-99m은 의료 영상 장비에서 방사성 추적 장치로 사용된다. 핵의학 골격 스캔 이미지를 보면 폐에 국소 전이 병변이 다수 발생했음을 알 수 있다.

전이 금속

# 루테늄 Ruthenium

**44**

발견 연도: 1844년    발견자: 칼 에른스트 클라우스

| 44 Ru Ruthenium 101.7 | 원자번호: 44<br>족: 8족<br>주기: 5주기<br>블록: d블록<br>원자량: 101.7 | 녹는점: 2334°C<br>끓는점: 4150°C<br>밀도: 12.45g/cm³(상온 기준)<br>외관: 은백색 금속 |

▲ 루테늄은 매우 희귀한 원소지만 전자공학, 전기화학, 제트 엔진용 초합금, 심지어 만년필 펜촉에까지 두루 사용된다.

루테늄은 주기율표 백금족(루테늄, 로듐, 팔라듐, 오스뮴, 이리듐, 백금 등)에 속하는 반짝이는 은백색 금속이다. 루테늄은 오늘날의 러시아 서부, 벨라루스, 우크라이나, 그리고 폴란드와 슬로바키아 일부를 포함하는 지역인 루테니아(Ruthenia)에서 온 이름이다. 지구상에서 가장 희소한 금속 중 하나인 루테늄은 지각에 함유된 금속 중 78번째에 해당하며, 총 매장량은 5,000톤, 연간 채굴량은 약 30톤 정도다.

루테늄은 상온에서 색이 변하지 않고, 대기와 물, 산은 물론 왕수(질산과 염산의 혼합액으로 금, 은까지 녹여 버린다 - 옮긴이)와 접촉해도 손상되지 않는다. 백금 및 팔라듐과 결합하여 합금의 경도를 높일 수 있고, 타이타늄에는 0.1%만 첨가되어도 내부식성이 100배나 증대된다. 또 전자 산업에서는 칩 저항기와 전기 접점 재료로도 사용된다.

고급스러운 필기도구를 원한다면 손잡이나 펜촉을 루테늄으로 도금한 제품이 좋을 것이다. 이런 고급 펜의 장점이라고 해야 그저 미적인 것이겠지만, 실제로 루테늄은 내부식성도 함께 갖추고 있다. 또, 좀처럼 닳거나 긁히지 않고 진한 백랍 광택을 내므로 보석의 도금용 금속으로 사용되기도 한다.

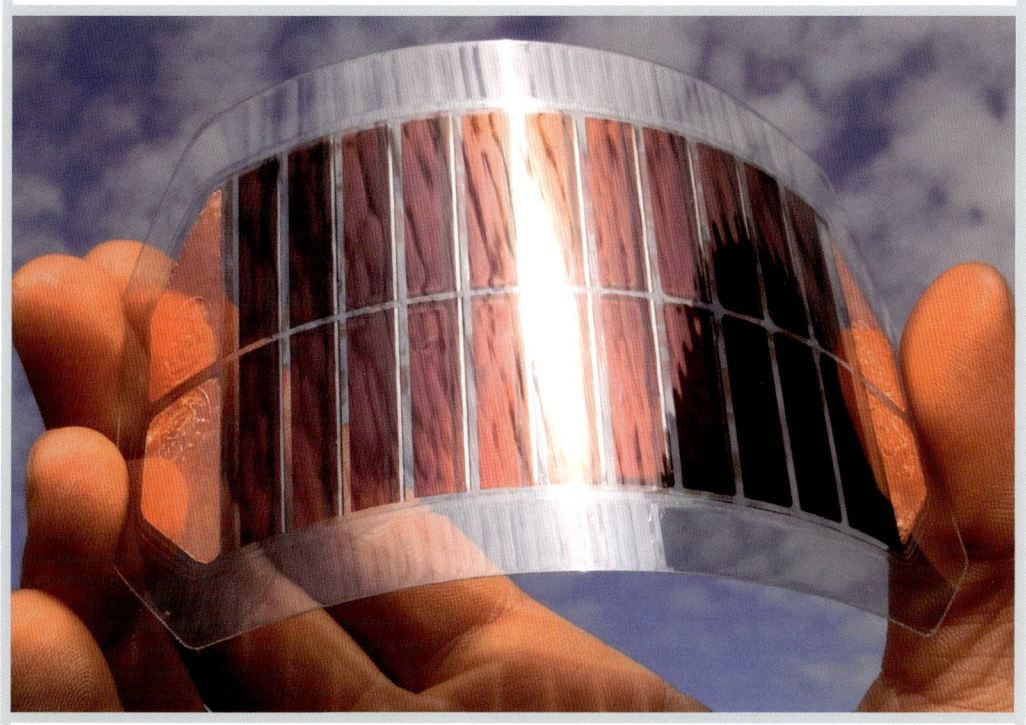

▲ 빛을 흡수하는 루테늄 화합물은 염료 감응형 태양 전지나 저비용 태양 전지로 사용할 수도 있다.

전이 금속

# 로듐 Rhodium

발견 연도: 1804년　　발견자: 윌리엄 하이드 울러스턴

45

45
**Rh**
Rhodium
102.906

- 원자번호: 45
- 족: 9족
- 주기: 5주기
- 블록: d블록
- 원자량: 102.906
- 녹는점: 1964℃
- 끓는점: 3695℃
- 밀도: 12.41g/cm³ (상온 기준)
- 외관: 은백색 금속

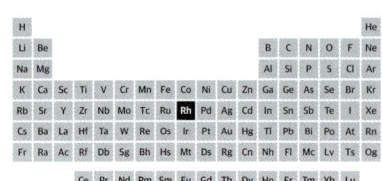

▲ 로듐이라는 이름은 염화로듐이 분홍색을 띤다고 해서 '장미'에 해당하는 그리스어에서 따왔지만, 순수한 로듐은 광택이 나는 은색이다.

Rh

로듐은 44번 루테늄과 마찬가지로 지구상에서 가장 희소한 금속에 속하며, 지각에서 79번째로 풍부한 원소다. 매우 단단하고 내부식성이 크며 반짝이는 원소로, 그 이름은 '장미'라는 뜻의 그리스어 단어 로돈(rhodon)에서 왔다. 이 원소를 처음 발견한 염화로듐 결정이 장밋빛이었기 때문이다.

로듐의 연간 사용량에서 80%를 차지하는 주요 용도는 오늘날 모든 자동차에 들어가는 3원 촉매 변환 장치다. 이 장치는 일산화탄소를 이산화탄소로, 산화를 통해 탄화수소를 이산화탄소와 물로, 질소산화물을 질소와 산소 가스로 각각 환원하여 환경오염을 줄인다. 또 다른 용도로는 화학 산업의 촉매, 광섬유와 거울의 코팅제, 전기 접점 재료 등이 있다.

로듐 역시 루테늄처럼 보석 제작에 사용되며, 암회색의 루테늄에 비해 표면이 매우 밝고 반짝인다. 백금이나 금 위에 바르면 반짝이는 흰색이 되지만, 코팅층이 너무 얇아 시간이 지나면 마모되기도 한다. 로듐은 금이나 백금보다 희귀한 물질이므로 최고의 영예를 상징하는 물건에 사용되기도 한다. 1979년, 폴 매카트니는 역사상 음반이 가장 많이 팔린 음악가이자 작곡가가 된 업적으로 로듐이 도금된 디스크를 받았다. 로듐은 그 정도로 특별한 금속이다.

▲ 로듐은 촉매 변환 장치에 들어가 유독 배기가스를 이산화탄소와 수증기로 바꿈으로써 자동차 배기 오염을 줄이는 데 큰 몫을 한다.

전이 금속

# 팔라듐 Palladium

발견 연도: 1802년   발견자: 윌리엄 하이드 울러스턴

46

46
## Pd
Palladium
106.42

원자번호: 46
족: 10족
주기: 5주기
블록: d블록
원자량: 106.42

녹는점: 1554.9°C
끓는점: 2963°C
밀도: 12.023g/cm³ (상온 기준)
외관: 은백색 금속

▲ 팔라듐은 백금족 금속 중에서도 특히 부드럽고 잘 늘어난다.

팔라듐은 반짝이는 은색 금속이며 대기에 노출되어도 변색하지 않는다. 백금족 금속 중에서도 밀도와 녹는점 모두 가장 낮다. 팔라듐은 1802년에 영국의 화학자 윌리엄 하이드 울러스턴이 발견한 후 같은 해에 독일의 천문학자 하인리히 올베르스가 관측한 소행성 팔라스(Pallas)에서 이름을 따왔다.

팔라듐의 가장 큰 용도는 이웃 원소인 로듐과 마찬가지로 차량용 촉매 변환 장치에서 유해 가스를 질소, 이산화탄소 및 수증기로 바꾸는 촉매 역할이다. 또 금과 합금을 이루어 백금 보석이 되며 그 밖에 치아 충전재, 수술 기구, 항공기용 점화 플러그, 전자기기에 들어가는 세라믹 커패시터 등으로 사용된다.

팔라듐의 특이한 점은 방대한 양의 수소를 흡착해서 저장한다는 것이다. 팔라듐은 원래 부피의 최대 900배에 달하는 수소를 저장할 수 있으므로 원칙상 다양한 용도의 수소 저장 수단이 될 수 있다. 그러나 팔라듐의 희소성과 비용을 생각하면 이런 목적으로 대규모 수요를 창출하기는 어려울 것으로 보인다.

염화팔라듐(II)($PdCl_2$)은 가정과 직장에 설치된 일산화탄소 검출기에서 핵심적인 역할을 한다. 일산화탄소는 치명적인 독성이 있지만 특별한 냄새나 색이 없어 더욱 위험한데, 염화팔라듐의 촉매 작용 덕분에 일산화탄소가 누출되더라도 이산화탄소로 변환되어 경보가 울리는 것이다.

**Pd**

◀ 팔라듐과 금을 합금하면 매력적인 '백금' 보석이 된다.

전이 금속

# 은  Silver

발견 연도: 기원전 3000년경

47

47
**Ag**
Silver
107.868

원자번호: 47
족: 11족
주기: 5주기
블록: d블록
원자량: 107.868

녹는점: 961.78℃
끓는점: 2162℃
밀도: 10.49g/cm$^3$ (상온 기준)
외관: 반짝이는 은백색 금속

▲ 자연계에 순수한 은은 거의 없고, 주로 다른 금속과 결합하거나 여러 광물로 존재한다.

국가명을 딴 원소가 여럿 있으나(아메리슘, 프랑슘, 폴로늄 등) 은의 이름도 한 나라에서 왔다는 점에서 독특하다고 할 수 있다. 아르헨티나는 19세기 초에 스페인으로부터 독립을 선언하면서 자국이 풍부하게 보유하고 있던 금속의 이름을 국가명으로 공식 채택했다.

은의 화학 기호인 Ag는 라틴어 단어 아르젠툼(argentum)의 머리글자를 딴 것으로, 이 단어는 오늘날 라틴어에서 유래한 프랑스어 '아흐종(argent)'이나 이탈리아어 '아르젠토(argento)' 등에도 비슷한 형태로 남아 있다. 영어명인 실버(silver)는 고대 영어의 '실퍼(siolfor)'나 '설퍼(seolfor)' 등에서 유래했다.

은은 선사시대부터 그 반짝이는 흰색 표면 덕분에 귀중한 물건으로 대접받으며 수천 년 동안 보석과 기타 장식물로 사용되었다. 은은 미적 가치는 물론, 다른 어떤 원소보다 전기와 열의 전도성이 뛰어나다. 또 가시광선 반사율이 우수해 유리에 도금하여 특수 거울로 쓰이기도 한다. 은은 상대적으로 연질이므로 다른 금속과의 합금 형태로 트로피, 장식품, 보석 등에 널리 쓰인다. 그중에서도 법정 순은이 가장 유명하다. 은 92.5%에 강도가 더 큰 금속을 7.5% 섞은 것으로 주로 구리가 많이 사용된다.

은은 감광 특성이 있어 취화은과 아이오딘화은은 사진 필름으로 사용되고, 빛의 상태에 반응하는 변색 안경에도 은이 활용된다. 이 안경 렌즈에는 염화은과 할로겐화물이 들어 있어 강한 햇빛에 노출되면 색이 짙어지며, 광량이 줄어들면 다시 원래대로 돌아온다.

# Ag

▲ 은은 표면 반사율이 뛰어나고, 두드리거나 녹여서 세공할 수 있다. 그래서 수천 년 동안 보석 세공업자로부터 높은 평가를 받아왔다.

전이 금속

# 카드뮴 Cadmium

**48**

발견 연도: 1817년　　발견자: 프리드리히 스트로마이어

48
## Cd
Cadmium
112.414

원자번호: 48
족: 12족
주기: 5주기
블록: d블록
원자량: 112.414

녹는점: 321.07℃
끓는점: 767℃
밀도: 8.65g/cm³ (상온 기준)
외관: 은빛 청회색 금속

▲ 카드뮴은 아연 및 수은과 공통점이 많고, 주로 아연 광석에 포함되어 있다.

## Cd

카드뮴은 푸른빛이 감도는 은색 금속이다. 연성이 있고 부식에 강하며 주기율표 바로 윗자리에 있는 아연과 공통점이 많다. 원소명은 이 원소를 함유한 '칼라민' 광물을 뜻하는 라틴어 단어 카드미아(cadmia)에서 온 것이다.

오늘날 카드뮴의 주요 용도는 배터리로, 특히 충전식 니켈 카드뮴 배터리에 많이 쓰인다. 이 분야는 2009년 기준 전체 카드뮴 사용량의 86%를 차지했다. 다른 분야로는 전기 도금, 철강 부품의 부식 방지, 원자로 제어봉, 그리고 최신 텔레비전 기술인 QLED(양자점 발광 다이오드) 스크린 등이 있다.

과거에는 안료로 널리 사용되어 노란색, 주황색, 빨간색 등의 선명하고 오래가는 페인트가 생산되는 데 한몫했다. 프랑스의 인상파 화가 클로드 모네는 노란색의 카드뮴 페인트를 사용해 정교한 작품을 남기기도 했다.

카드뮴은 이렇게 쓸모가 다양함에도 그 강한 독성 때문에 각 분야에서 단계적으로 사용이 중지되고 있다. 인체가 카드뮴에 노출되면 신장 질환, 고혈압 및 호흡기 손상, 암과 골다공증 등의 위험이 증가할 수 있다. 특히 카드뮴은 시간이 지날수록 체내에 축적되기 때문에 아주 조금씩이라도 흡수되면 나중에 큰 어려움에 닥칠 위험이 있다. 그뿐만 아니라 쌀, 양배추, 상추, 담배 등 여러 식물에도 축적된다. 따라서 카드뮴이 함유된 물질은 토양으로 흡수되어 먹이사슬에 편입되지 않도록 철저하게 자연계와 격리하여 폐기해야 한다.

◀ 니켈 카드뮴 배터리는 1899년에 발명되어 오늘날까지 사용되고 있다. 그러나 카드뮴의 독성 때문에 점차 사용이 중지되는 추세다.

전이후 금속

# 인듐 Indium

발견 연도: 1863년  발견자: 페르디난트 라이히, 히에로니무스 리히터

**49**

49
**In**
Indium
114.82

원자번호: 49
족: 13족
주기: 5주기
블록: p블록
원자량: 114.82

녹는점: 156.6°C
끓는점: 2072°C
밀도: 7.31g/cm³ (상온 기준)
외관: 은회색 금속

▲ 인듐은 매우 부드러운 원소이며 구부리면 비명을 닮은 독특한 소리가 난다.

108

인듐은 은회색 금속인데도 인디고 색(검푸른색)을 이름으로 삼았다. 그 이유는 독일 과학자 페르디난트 라이히와 히에로니무스 리히터가 인듐을 처음 발견할 당시 이 금속의 스펙트럼에서 인디고 빛의 밝은 선을 확인했기 때문이다. 하필 색맹이었던 라이히는 미리 리히터에게 새로운 원소를 발견할지도 모르니 확인해달라고 부탁해둔 터였다. 4년 후, 리히터가 파리의 한 전시회에서 자신이 인듐을 혼자 발견했다고 주장한 사실을 라이히가 알게 되면서 두 사람의 우정에는 금이 가게 되었다.

인듐은 지각에서 68번째로 풍부한 원소이며, 대개 순수한 상태나 자체 광물보다는 다른 광물의 미량 성분으로 존재하는 경우가 많다. 상업적 목적의 인듐은 대부분 아연을 정제하는 과정에서 부산물로 나오며, 주요 인듐 생산국은 한국, 중국, 일본, 캐나다 등이다.

인듐은 각종 전자기기에 사용되면서 핵심기술 원소로 지정되었다. ITO라는 이름으로 유명한 인듐 주석 산화물은 유리에 달라붙고 전기 전도성이 있어 핸드폰 등에 적용되는 LCD(액정 디스플레이)나 터치스크린의 제조에 꼭 필요한 물질이며, 합금, 반도체 및 기타 전기 부품에도 사용된다.

인듐은 특이하게도 구부리면 삐걱거리는 '비명' 같은 소리가 난다. 금속의 모양이 바뀜에 따라 결정 구조가 무너지고 새롭게 형성되는 과정에서 나는 소리다. 주기율표의 바로 이웃 원소인 주석에도 똑같은 특성이 있다.

▲ 인듐은 반도체로서 다양한 분야에 사용된다. 사진의 박막태양전지는 구리, 인듐, 갈륨, 셀레늄을 결합한 광전지용 화합물(CIGS)이다.

전이후 금속

# 주석 Tin

발견 연도: 기원전 2100년경

50
**Sn**
Tin
118.71

원자번호: 50
족: 14족
주기: 5주기
블록: p블록
원자량: 118.71

녹는점: 231.93℃
끓는점: 2602℃
밀도: 7.265g/cm³(흰색, 베타, 상온 기준),
5.769g/cm³(회색, 알파, 상온 기준)
외관: 은백색 금속(베타), 회색 금속(알파)

50

▲ 주석은 은백색의 가단성 금속으로, 구리와 결합한 합금은 기원전 3300년경부터 기원전 1200년경까지 이르는 청동기 혁신을 낳았다.

110

주석은 쉽게 잘리고 구부러지는 연질의 은빛 금속이다. 주석은 이웃 원소인 원자번호 49번 인듐처럼 구부러질 때 비명 소리를 낸다. 원소기호인 Sn은 주석을 뜻하는 라틴어 단어 스타눔(stannum)에서 따온 것이다(사실 기원후 4세기까지만 해도 이 단어는 은과 납의 합금을 의미했다).

주석은 너무 연해서 '저질' 금속으로 불리기도 하지만, 다른 금속과 결합한 합금은 강도와 가단성을 겸비한 소재로 수천 년 동안 칭송받아왔다. 구리 87.5%에 주석을 12.5% 결합하면 무기부터 조각상까지 다양하게 사용되는 청동 합금이 된다. 또 주석 85~90%에 안티모니, 구리, 비스무트, 그리고 은을 섞으면 널리 유용한 백랍이 된다.

주석 합금은 오늘날에도 여러 분야에서 쓰이고 있다. 초전도 자석은 나이오븀과 주석의 합금이고, 연랍은 주석에 납을 섞은 합금이며, 산화 인듐 주석은 전자기기의 유리 스크린 위에 전도성 코팅을 올리는 데 사용된다.

한편 주석은 내부식성이라는 중요한 특성 때문에 오랫동안 대기나 물로부터 다른 금속을 지키는 도금 소재로 사용되었다. 주석은 이런 내부식성과 인체에 무해한 특성 덕분에 주로 강철로 된 깡통의 내외부에 코팅 소재로 널리 쓰였다. 또 구리 냄비가 산성 식품에 손상되지 않도록 내부 표면을 도금하는 데도 널리 사용된다.

# Sn

▲ 19세기 중반부터 어린이들은 화려한 주석 도금 장난감을 가지고 재미있게 놀았지만, 한 세기 후 플라스틱 장난감이 나타나면서 주석 도금 장난감은 점점 자취를 감췄다.

준금속

# 안티모니 Antimony

발견 연도: 기원전 1600년경

**51**

51
## Sb
Antimony
121.76

원자번호: 51
족: 15족
주기: 5주기
블록: p블록
원자량: 121.76

녹는점: 630.63℃
끓는점: 1635℃
밀도: 6.697g/cm³ (상온 기준)
외관: 은회색 준금속

▲ 안티모니는 주기율표 바로 윗자리의 비소에 비해 덜 알려졌으나 독성은 그에 못지않다.

안티모니는 주기율표 윗자리의 비소, 오른쪽의 텔루륨과 같은 준금속 원소다. 즉 금속과 비금속의 특성을 모두 가지고 있다. 일반적으로 자연계에 원소로 존재하지는 않는다. 이런 이름이 붙은 이유로는 그리스어의 안티모노스(anti-monos), 즉 '외롭지 않다'는 뜻에서 왔다는 설이 있다. 그보다 좀 더 극적인 해석으로 안티모나초(anti-monachos)에서 왔다는 말도 있다. 이 원소가 수도승의 목숨을 빼앗기 때문이라는 것이다. 이런 해석에는 초기 연금술사들이 수도승이었는데 그들 중에 안티모니에 중독된 이들이 더러 있었다는 배경이 있다. 그러나 이 설명은 다소 비현실적으로 보이며, 그보다는 합금을 잘 만드는 특성, 즉 '외롭지 않은 원소'라는 해석이 과학적으로 좀 더 설득력이 있는 것 같다.

안티모니는 황 화합물에 자주 등장한다. 화학 기호인 Sb도 안티모니가 가장 흔하게 발견되는 자연 광물인 휘안석, 즉 라틴어로 스티비움(stibium)이라는 말에서 온 것이다. 오늘날 산업 분야에서 안티모니는 주로 납 또는 주석과 합금을 이루어 경도와 강도를 증대시키는 용도가 있으며 반도체 제조용 소재, 난연제 첨가제 등으로도 쓰인다.

비소와 마찬가지로 안티모니도 독성이 있어서 사람의 경우 두통, 어지럼증, 우울증, 구토, 간과 신장 손상 등 비소 중독과 유사한 증상을 유발한다. 안티모니는 여러 살인 사건에도 등장했다. 1876년에 영국의 저명한 변호사 찰스 브라보가 사망한 유명한 미제 사건도 그중 하나다. 그가 독살당한 경위에 관해서는 여러 이론이 있다. 그중 하나는 그가 아내를 살해할 목적으로 그녀에게 안티모니를 조금씩 투여하고 있었는데, 약장에 놓아두었던 그 약병을 다른 약인 줄 알고 스스로 치사량이나 복용했다는 것이다.

# Sb

◀ 찰스 에드워드 챔버스가 그린 모차르트의 죽음. 그의 사망 사유에 관한 여러 이론 중 하나는 모차르트가 안티모니 함유로 특허받은 약품을 복용했는데, 하필 그 물질에 치명적인 독성이 있는 줄 몰랐다는 것이다.

113

준금속

# 텔루륨 Tellurium

발견 연도: 1783년경    발견자: 프란츠 요제프 뮐러 폰 라이헨슈타인

52

**52 Te** Tellurium 127.6

원자번호: 52
족: 16족
주기: 5주기
블록: p블록
원자량: 127.6

녹는점: 449.51℃
끓는점: 988℃
밀도: 6.24g/cm³(상온 기준)
외관: 회색 분말

▲ 텔루륨은 '지구'라는 뜻의 라틴어 텔러스(tellus)에서 온 이름이지만, 실제로는 지구 지각보다 우주 전체에 훨씬 더 많다.

2023년 10월, 제임스 웹 우주 망원경은 중성자별 두 개가 서로 충돌하는 킬로노바 현상을 관측했다. 이 충돌로 발산된 감마선의 밝기는 은하수의 100만 배에 달하는 것이었다. 천문학자들은 이렇게 거대한 에너지가 폭발하면서 생성된 원소들의 적외선 신호를 분석했고, 그중에서 텔루륨을 비롯한 기타 악티늄족과 란탄족 원소, 그리고 그보다 더 많은 아이오딘과 토륨을 발견했다. 이 발견이 특히 흥미로웠던 점은 항성의 핵에서 가벼운 원소들이 융합하여 무거운 원소를 만든다는 사실은 이미 잘 알려져 있었지만, 중성자별이 서로 충돌하여 무거운 원소가 탄생한 사례로는 최초라는 데 있었다.

텔루륨이 인체에 필요하지는 않다. 우리는 매일 600µg의 텔루륨을 섭취하지만, 대부분은 소변을 통해 배설되거나 장을 통과해버린다. 텔루륨은 독성은 없으나 마늘 냄새 같은 구취를 유발한다는 불쾌한 부작용이 있다. 1884년에 한 실험에 참여한 지원자들은 15mg의 산화텔루륨을 복용한 후 8개월이 지나도 호흡에 텔루륨이 감지된다는 사실이 밝혀졌다. 비타민 C를 대량 복용하면 문제를 해결할 수 있다고 생각되지만, 애초에 이 물질에 노출되지 않는 편이 가장 안전하다.

▲ 텔루륨을 광섬유 케이블에 사용하면 전송 속도를 높일 수 있다.

반응성 비금속

# 아이오딘 Iodine

**53**

발견 연도: 1811년   발견자: 베르나르 쿠르투아

53
I
Iodine
126.904

원자번호: 53
족: 17족
주기: 5주기
블록: p블록
원자량: 126.904

녹는점: 113.7°C
끓는점: 184.3°C
밀도: 4.933g/cm³(상온 기준)
외관: 검은색의 반짝이는 결정체 및 보라색 기체

▲ 아이오딘 결정은 검은색이지만, 기체가 특유의 보라색을 띠기 때문에 이런 이름이 붙었다.

아이오딘은 지구상에서 61번째로 풍부하고 17족에서 가장 무거우며 안정된 원소다. 1811년 프랑스의 화학자 베르나르 쿠르투아는 해초에서 염화칼륨 결정을 추출하고 남은 액체에 황산을 첨가했더니 보라색 가스가 발생한 후 냉각하면서 반짝이는 검은 결정으로 응축되는 것을 관찰했다. 2년 후 그가 발견한 물질이 새로운 원소임이 확인되었고, '보라색'을 뜻하는 그리스어 단어 이오데스(iodes)에서 이름을 얻었다. 이 기체의 생생한 색이 보라색을 닮았기 때문이었다.

아이오딘은 트리아이오딘티로닌(T3), 티록신(T4) 등의 호르몬을 통해 신진대사와 성장 및 발달을 관장하는 유전자를 조절하므로 동물에 필수 요소다. 사람은 유제품, 계란, 생선, 조개류 등을 섭취하여 신체의 아이오딘 수요를 충당할 수 있다. 채식을 고집하는 사람이라면 곡물을 통해서도 아이오딘을 섭취할 수 있으나 작물을 재배한 토양에 따라서는 아이오딘 보충제가 필요할 수도 있다.

아이오딘 결핍은 전 세계 수백만 명에게 나쁜 영향을 미치며, 특히 해산물을 섭취하기 어려운 개발도상국과 내륙 지역에서 이런 일이 일어난다. 아이오딘이 부족할 경우 체중 증가, 피로, 우울증, 갑상샘종(갑상샘 비대로 인해 목이 부어오르는 것), 영유아 지적 장애 등 다양한 문제가 발생한다.

상업적으로는 아세트산 생산 공정에 촉매로 사용되며, 소독제, 염료, 인쇄 잉크, 사진용 화학물질, 동물 사료 등으로도 쓰인다. 최대 생산국은 일본과 칠레로, 염수를 가열·정제·산화하는 공정을 거쳐 생산한다.

I

◀
모든 동물은 아이오딘을 섭취해야 한다. 우유 한 잔이나 기타 유제품, 달걀, 생선, 해조류 등이면 충분하다.

비활성 기체

# 제논 Xenon

발견 연도: 1898년    발견자: 윌리엄 램지, 모리스 트래버스

**54**

54
## Xe
Xenon
131.293

원자번호: 54
족: 18족
주기: 5주기
블록: p블록
원자량: 131.293

녹는점: -111.75°C
끓는점: -108.099°C
밀도: 0.005894g/cm³ (상온 기준)
외관: 무색 기체

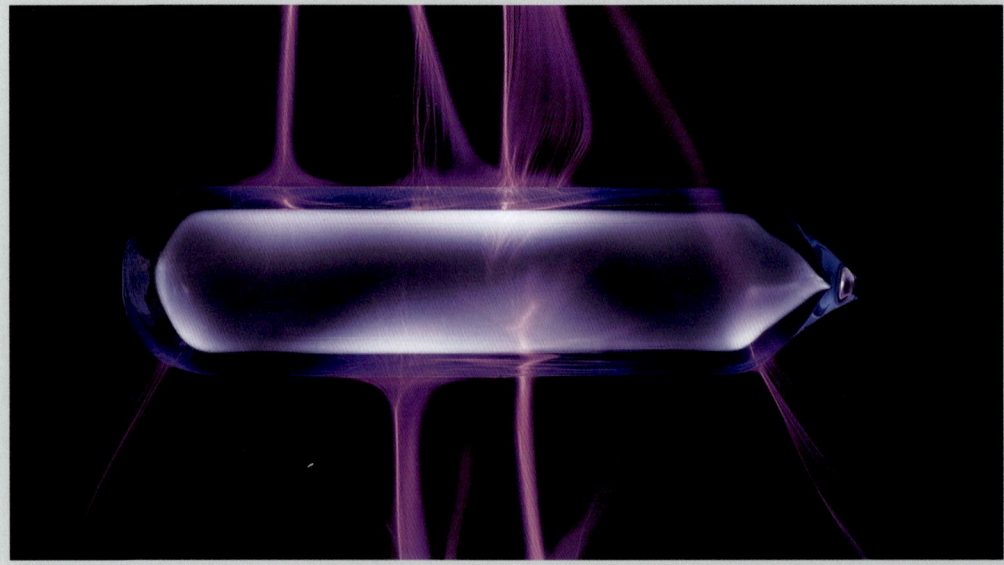

▲ 제논 기체를 방전관에 넣고 들뜬 상태로 만들면 담청색 빛이 난다.

Xe

제논은 18족의 다른 원소와 마찬가지로 무색무취의 비활성 기체다. 제논은 발견하기가 너무 어려웠다는 사실 때문에 그리스어로 '낯선 사람'이라는 뜻의 제노스(xenos)에서 이름을 따왔다. 지구 대기에는 미량만 존재하므로 대단히 비싼 자원이다.

제논은 비활성 기체에 속해 있으나 완전한 비활성은 아니다. 1962년에 캐나다 브리티시컬럼비아대학교의 닐 바틀렛 연구팀이 제논 육불화 백금이라는 비활성 기체 화합물을 최초로 생산한 이래 지금까지 100여 종의 제논 화합물이 만들어졌다. 제논 기체가 가득 찬 유리관에 전류를 가하면 선명한 푸른빛이 난다. 제논은 이런 발광 특성 덕분에 카메라 플래시 전구, 일광욕 침대용 유리관, 주방에 설치된 박테리아 박멸용 램프 등 다양한 용도로 활용된다.

제논은 생체에서 아무 작용도 하지 않고 독성도 없지만 혈액뇌장벽을 통과하는 경우는 거의 없다. 따라서 제논이 섞인 산소를 호흡하면 경미한 정도에서 완전한 상태까지 마취될 수 있어 이 목적으로 외과 수술에 많이 사용되고 있다. 제논도 헬륨처럼 마시면 목소리가 변하지만, 그 성격은 정반대다. 헬륨은 고주파 음성을 강화하는 반면 제논은 저주파 공명을 키우므로 이 기체를 흡입하면 목소리가 저음으로 변한다.

▲ 자동차 제논 헤드라이트는 할로겐 제품보다 더 밝고, 10년간 교체 없이 사용할 수 있다.

알칼리 금속

# 세슘 Caesium

발견 연도: 1860년   발견자: 구스타프 키르히호프, 로베르트 분젠

**55**

## 55 Cs
Caesium
132.905

원자번호: 55
족: 1족
주기: 6주기
블록: s블록
원자량: 132.905

녹는점: 28.5°C
끓는점: 671°C
밀도: 1.93g/cm³ (상온 기준)
외관: 황금색 금속

▲ 세슘은 반응성이 매우 크므로 사진에 보이는 유리 앰플이나 스테인리스강 용기에 넣어 완전히 밀폐해야 한다.

세슘은 상온에서 고체지만 녹는점이 겨우 28.5℃에 불과하므로 조금만 날씨가 더워도 녹아서 액체로 변하고 마는 금색 금속이다. 주기율표 1족 원소이므로 반응성이 매우 크다. 대기 중에서 자연 발화할 수 있고 물에 닿으면 격렬하게 폭발한다.

세슘이라는 원소명은 '청회색'이라는 뜻의 라틴어 단어 세시우스(caesius)에서 왔다. 독일 과학자 구스타프 키르히호프와 로베르트 분젠이 세슘을 발견할 때 발광 스펙트럼에서 푸른색의 밝은 선을 관찰했기 때문이다. 이후 IUPAC가 'caesium'으로 표기하도록 권고하며 미국과 유럽에서 이름을 둘러싼 논쟁이 한 차례 일어났으나, 1921년부터 미국 화학회(ACS)는 'cesium'이라는 좀 더 간결한 철자를 선호해왔다.

세슘의 생물학적 역할은 아직 알려지지 않았다. 방사성 동위원소 세슘-137은 암 치료제로 사용되지만, 수차례의 핵실험과 1986년 체르노빌 원전 사고, 2011년 후쿠시마 원전 사고 같은 일이 일어난 후 자기도 모르는 사이에 이 동위원소를 마신 사람이 많다.

세슘의 용도 중 가장 널리 알려진 것은 원자시계이며, 오늘날 인터넷, GPS, 핸드폰 등이 전 세계에 걸쳐 똑같은 시간대를 공유할 수 있는 비결도 바로 세슘 덕분이다. 이 시계는 역사상 가장 정확한 시간 측정 장치로, 최신 모델의 정확도는 무려 2,000만 년당 1초에 달한다. 세슘은 특수 광학 유리 생산, 진공관의 '잔류가스 제거 물질', 유기 화합물의 수소화 촉매로도 사용된다.

◀ 독일 국립계량연구소에 설치된 CS2 원자시계의 오차는 약 250만 년당 1초에 불과하다.

[알칼리 토금속]

# 바륨 Barium

## 56

발견 연도: 1808년    발견자: 험프리 데이비

### 56
### Ba
Barium
137.33

원자번호: 56
족: 2족
주기: 6주기
블록: s블록
원자량: 137.33

녹는점: 727°C
끓는점: 1845°C
밀도: 3.51g/cm$^3$ (상온 기준)
외관: 은회색 금속

▲
황산바륨 결정체인 중정석은 17세기 초반, 낮에 햇볕을 쬔 다음 밤이 되면 빛을 발하여 이름이 알려진 '볼로냐석'이었다.

바륨은 연질의 은색 금속이며 대기에 노출되면 곧 표면에 짙은 회색의 산화 피막이 형성된다. 바륨이라는 이름은 1808년 영국의 화학자 험프리 데이비가 바라이트(baryte, 중정석)라는 광석에서 이 원소를 처음 분리한 데서 유래했다. 바라이트라는 이름은 '무겁다'는 뜻의 그리스어 단어 바리스(barys)에서 온 것이다. 오늘날에도 중정석은 또 다른 광물인 독중석(탄산바륨)과 함께 상업적 목적의 바륨을 얻는 주요 공급원이며, 주요 매장지는 영국, 루마니아, 구소련 지역 등에 있다.

바륨은 산업적 용도가 그리 많지 않다. 진공관의 불순 기체 제거제로 사용할 수는 있지만, 텔레비전 기술이 브라운관에서 평면 스크린으로 바뀜에 따라 이제는 이 수요도 거의 사라졌다. 또 고온 초전도체 소재로도 쓰이고, 니켈 합금에 들어가 점화 플러그 배선 소재로도 사용된다. 축제 행사의 화려한 불꽃놀이에도 바륨 염이 사용된다. 질산바륨은 황록색, 염화바륨은 선명한 녹색을 만들어낸다.

바륨의 또 다른 응용 분야는 의료 영상 장비로 위장관을 촬영하기 전에 '삼키는 바륨'이다. 황산바륨 현탁액을 삼키거나 관장으로 투여하면 이것이 신체 각 부위를 통과하면서 X선을 흡수한다. 이렇게 생성된 이미지는 소화 기관의 이상과 질병을 진단하는 용도로 쓰인다.

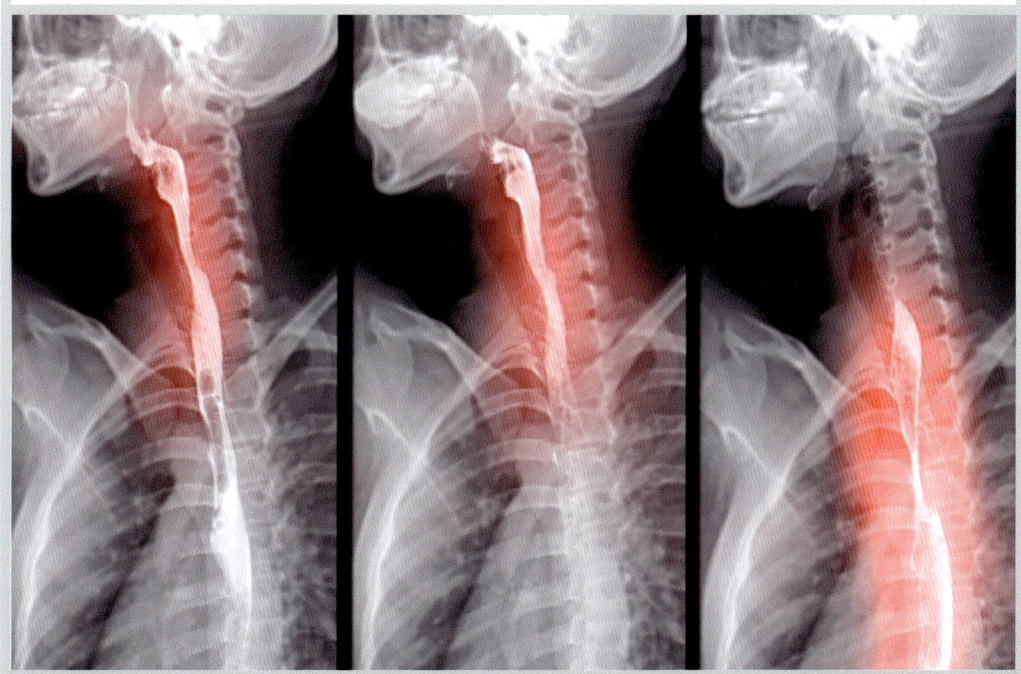

▲ 방사선 전문의는 '바륨 섭취' 시술을 통해 일반적인 X선 영상에 나타나지 않는 환자의 식도와 위를 볼 수 있다.

란탄족 원소

# 란타넘 Lanthanum

발견 연도: 1839년  발견자: 칼 구스타프 모산데르

**57**

57
## La
Lanthanum
138.905

원자번호: 57
족: 란탄족
주기: 6주기
블록: f블록
원자량: 138.905

녹는점: 920℃
끓는점: 3464℃
밀도: 6.162g/cm³ (상온 기준)
외관: 은백색 금속

▲ 란탄족의 첫 번째 원소인 란타넘은 은색 금속으로 대기에 노출되면 서서히 색이 변한다.

지금까지는 주기율표를 족과 주기별로 한 칸씩 차례차례 살펴왔다. 그러나 원자번호 57번인 란타넘을 살펴보려면 주기율표 아래쪽에 별도로 가로놓인 란타넘족 원소로 건너뛰어야 한다(그 아래에는 또 악티늄족이 나란히 놓여 있다). 이 원소들은 희귀하다는 뜻에서 '희토류'라는 이름으로 불리지만, 사실 이들 중에는 전혀 희귀하지 않은 것들이 많다. 란타넘만 해도 지각에서 28번째로 풍부한 원소이다.

란타넘은 연질의 은백색 반응성 금속으로, 1839년에 스웨덴의 화학자 칼 구스타프 모산데르가 발견했다. 이 원소를 세륨 광석에서 발견할 당시 세륨과 너무 비슷해서 두 원소를 구분하기가 어려웠다. 그래서 원소명도 그리스어로 '숨어 있다'라는 뜻인 란타네인(lanthanein)에서 따왔다.

19세기 후반에는 산화란타넘을 가스등의 심지로 사용했고, 이후 영화 산업이 발전하면서 촬영 조명의 품질 개선을 위해 탄소아크등에 란타넘이 사용되었다. 현재 이 원소의 핵심 응용 분야는 가전제품과 전기 하이브리드 자동차에 사용되는 니켈-수소 전지(NiMH)다.

## La

◀ 스웨덴 베스트만란드의 바스트네스 광산에서 이름을 딴 바스트네사이트는 란타넘 생산에 필요한 핵심 광물이다.

란탄족 원소

# 세륨 Cerium

58

발견 연도: 1803년    발견자: 옌스 야코브 베르셀리우스, 빌헬름 히싱어

## 58 Ce
Cerium
140.116

- 원자번호: 58
- 족: 란탄족
- 주기: 6주기
- 블록: f블록
- 원자량: 140.116
- 녹는점: 795°C
- 끓는점: 3443°C
- 밀도: 6.77g/cm³ (상온 기준)
- 외관: 회색 금속

▲ 세륨은 란탄족 원소, 일명 희토류 원소 중에서 가장 풍부한 금속이다.

# Ce

세륨은 란탄족의 두 번째 원소이자 지구상에서 25번째로 풍부한 원소다. 1803년에 스웨덴의 옌스 야코브 베르셀리우스와 빌헬름 히싱어, 그리고 같은 해에 독일의 마르틴 클라프로트가 따로 발견했다. 이후 1839년에 스웨덴의 칼 구스타프 모산데르가 세라이트 광물에서 순수 세륨 금속을 처음으로 분리했다.

세륨이라는 이름은 베르셀리우스가 당시 갓 발견된 소행성 세레스에서 딴 것이다. 세륨은 부드럽고 잘 늘어나는 회색 금속이며, 자연계에는 동위원소가 4개, 방사성 동위원소가 26개 존재한다. 특히 바스트네사이트, 모나자이트 등의 광물에 존재하며 상업적 생산은 이들 광석을 가열하고 염산과 황산으로 처리하는 공정을 거친다.

여러 란탄족 원소에 철이 약 5% 포함된 미슈메탈 합금은 여기에 함유된 세륨이 다른 금속을 끌어당길 때 불꽃이 발생하므로 라이터의 '부싯돌'로 널리 쓰인다. 산화세륨(III)은 촉매 변환기로 사용되고, 자가 세정 오븐의 내벽 소재로 쓰면 요리 찌꺼기가 쌓이지 않는다. 밝은 빨간색의 황화세륨(III)은 기존의 카드뮴 안료에 비해 독성이 없고 고온에서도 안정적인 안료로 인기를 끌고 있다.

세륨이 인체 내에서 하는 역할은 없으나, 화산 진흙에 서식하는 일부 박테리아에는 세륨을 비롯한 란탄족 원소가 꼭 필요하다. 질산세륨은 인체에 대량 흡수되면 독성이 있지만, 3도 이내의 화상에 치료제로 쓰인다.

◀ 세륨의 용도는 매우 다양하다. 촉매 변환기, 자가 세척 오븐, 햇빛에 안정적인 투명 폴리머 등에도 사용된다.

란탄족 원소

# 프라세오디뮴 Praseodymium

발견 연도: 1885년    발견자: 칼 아우어 폰 벨스바흐

**59**

| 59 **Pr** Praseodymium 140.908 | 원자번호: 59<br>족: 란탄족<br>주기: 6주기<br>블록: f블록<br>원자량: 140.908 | 녹는점: 935°C<br>끓는점: 3130°C<br>밀도: 6.77g/cm³ (상온 기준)<br>외관: 회백색 금속 |

▲ 주기율표상의 '녹색 쌍둥이'인 프라세오디뮴은 대기에 노출되면 녹색 산화 피막을 형성한다.

란탄족의 세 번째 원소인 프라세오디뮴은 처음에 쌍둥이로 태어났다가 나중에 다시 쌍둥이가 되었다. 얼핏 무슨 뜻인지 이해되지 않을지도 모른다. 애초에 란탄족 원소는 모두 비슷해서 서로 구분하기 힘들 뿐 아니라 실제로 따로 떼어 생각하기 어려운 경우도 있다.

스웨덴의 화학자 칼 구스타프 모산데르는 란타넘과 세륨을 분리한 데 이어 1841년에 새로운 원소로 여겨지는 물질을 발견했다. 그는 이 물질이 앞선 두 란탄족 원소와 너무 비슷했으므로 그리스어로 '쌍둥이'라는 뜻의 디디뮴(didymium)이라는 이름을 붙였다. 그러나 이후 수십 년에 걸쳐 과학자들의 추가 연구가 이어졌고, 1885년 오스트리아의 과학자 칼 아우어 폰 벨스바흐는 이 물질이 두 개의 원소로 이루어져 있다는 사실을 증명했다. 그중 하나는 대기에 노출되면 녹색으로 산화한다고 해서 '녹색 쌍둥이'라는 뜻의 프라세오디뮴이라는 이름이 붙었고, 다른 하나는 먼저 발견된 디디뮴을 생각해서 '새로운 쌍둥이'라는 뜻의 네오디뮴으로 명명되었다.

프라세오디뮴의 주요 응용 분야 중 마그네슘 합금은 마그네슘의 강도가 매우 커서 항공기 엔진 제작에 사용된다. 또 이 원소가 들어간 보안경은 렌즈 색깔이 노랗게 되어 있어 용접이나 유리 세공 시 작업자의 눈을 빛과 적외선으로부터 보호하는 역할을 한다. 란타넘도 그렇듯이 프라세오디뮴은 영화 촬영장이나 프로젝터의 탄소 아크 조명에도 사용된다.

▲ 프라세오디뮴이 포함된 렌즈는 용접 작업자의 눈이 밝은 빛에 상하지 않도록 보호해준다.

란탄족 원소

# 네오디뮴 Neodymium

발견 연도: 1885년   발견자: 칼 아우어 폰 벨스바흐

**60**

### 60 Nd
Neodymium
144.242

- 원자번호: 60
- 족: 란탄족
- 주기: 6주기
- 블록: f블록
- 원자량: 144.242
- 녹는점: 1024°C
- 끓는점: 3074°C
- 밀도: 7.01g/cm³(상온 기준)
- 외관: 은백색 금속

▲ 네오디뮴은 반짝이는 은색 금속이며, 공기나 습기에 노출되면 곧바로 색이 변한다.

네오디뮴은 오스트리아의 화학자 칼 아우어 폰 벨스바흐가 바로 옆의 프라세오디뮴과 함께 발견한 원소다. 그는 디디뮴이라는 원소가 사실은 두 개의 원소가 결합된 것임을 분광분석을 통해 증명했다.

네오디뮴도 프라세오디뮴처럼 마그네슘과 합금을 이루어 강도를 높이고 보안경 렌즈에 특유의 색을 내는 역할을 한다. '쌍둥이' 원소인 프라세오디뮴은 유리나 세라믹을 노란색으로 바꾸는 데 비해 네오디뮴 화합물은 청회색, 보라색, 분홍색 등의 색을 만든다. 산화네오디뮴($Nd_2O_3$)으로 만든 유리는 대낮에는 라벤더색으로 보이지만 형광등에서는 옅은 파란색으로 변하는 놀라운 특성이 있다.

이 원소의 또 다른 주요 응용 분야는 네오디뮴, 철, 붕소($Nd_2Fe_{14}B$) 합금으로 만든 네오디뮴 자석이다. 이 자석은 지금까지 알려진 가장 강력한 영구 자석으로, 헤드폰, 컴퓨터 하드디스크, 일렉트릭 기타의 픽업(현의 진동을 전기 신호로 바꿔주는 부품-옮긴이) 등 자기력은 강하지만 크기가 작고 무게가 가벼워야 하는 부품에 적합하다. 또 전기 자동차 모터와 상업용 풍력 터빈에 사용되기도 한다. 네오디뮴 자석은 너무나 강력해서 아주 위험한 물건이기도 하다. 손바닥 크기의 자석 두 개가 서로 부딪치는 힘이 사람의 뼈를 쉽게 부러뜨릴 정도이므로 취급과 보관에 극도로 주의를 기울여야 한다.

# Nd

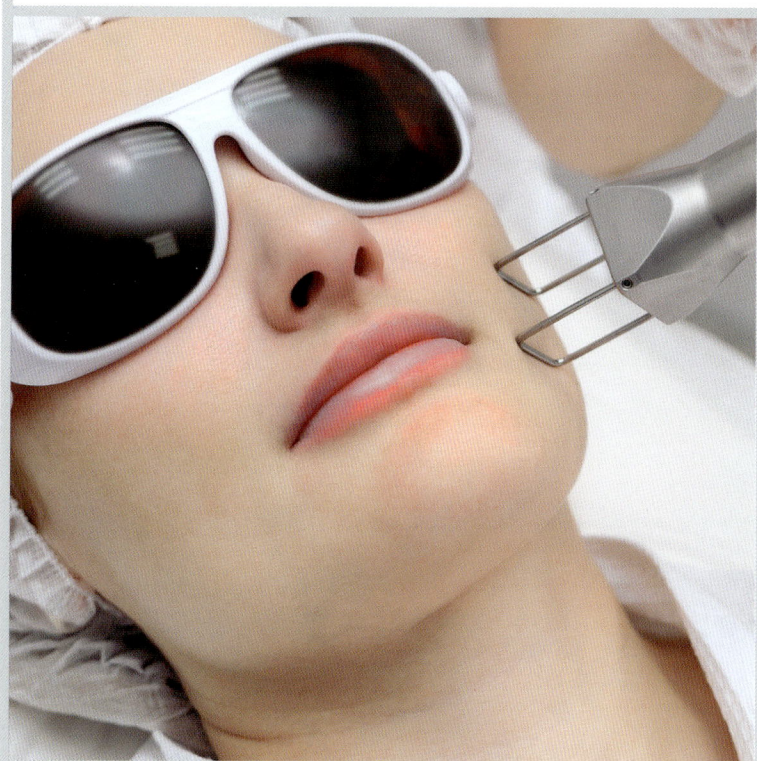

◀
네오디뮴 도핑 이트륨-알루미늄-가넷, 즉 앤디야그(Nd:YAG)를 레이저 광선에 적용하면 제모 시술 같은 미용 치료에 쓸 수 있다.

란탄족 원소

# 프로메튬 Promethium

**61**

발견 연도: 1942년  발견자: 제이콥 마린스키, 로렌스 글렌데닌, 찰스 코리엘

**61 Pm**
Promethium
[145]

원자번호: 61
족: 란탄족
주기: 6주기
블록: f블록
원자량: [145]

녹는점: 1042°C
끓는점: 3000°C
밀도: 7.26g/cm³(상온 기준)
외관: 은색 금속

▲ 지구상에 존재하는 프로메튬의 대부분은 섬우라늄석에 있다. 섬우라늄석 1kg당 약 200pg(피코그램)의 프로메튬을 함유하고 있다.

란탄족 원소 또는 '희토류 원소'라고 불리는 물질은 사실 전혀 희소하지 않지만, 프로메튬만은 그 이름에 걸맞게 희소한 자원이다. 자연계에 존재하는 프로메튬은 모두 합쳐 500~600g이 전부다. 이것은 방사성 물질인 데다 모든 동위원소의 반감기가 짧아 지구상에 모습을 드러내자마자 곧 소멸해버리기 때문이다.

자연계에 존재하는 프로메튬은 유로퓸-151의 알파 붕괴와 우라늄의 자발적인 핵분열에 의해 생성된다. 프로메튬은 1945년 테네시주 오크리지 국립연구소에서 제이콥 마린스키, 로렌스 글렌데닌, 찰스 코리엘이 우라늄 연료의 핵분열로 생성된 물질을 분석·분리함으로써 처음 모습을 드러냈다. 그러나 이 사실은 1947년에야 세상에 공개되었다. 1963년에는 같은 연구소의 연구원들이 프로메튬 금속을 10g 생산했고, 이를 통해 녹는점을 비롯한 주요 특성을 밝혀냈다.

프로메튬은 매우 희소한 자원이므로 상업적 용도보다는 주로 연구 목적으로 사용된다. 그러나 심장박동 조율기, 라디오, 유도 미사일 등에 필요한 특수 원자 배터리에 들어간다. 라듐이 방사능 위험 때문에 사용이 금지된 후 한때 어둠 속에서 발광하는 시계나 손목시계의 문자 표시용으로 사용되기도 했으나, 반감기가 짧아 그 분야에도 오랫동안 사용되지는 않았다.

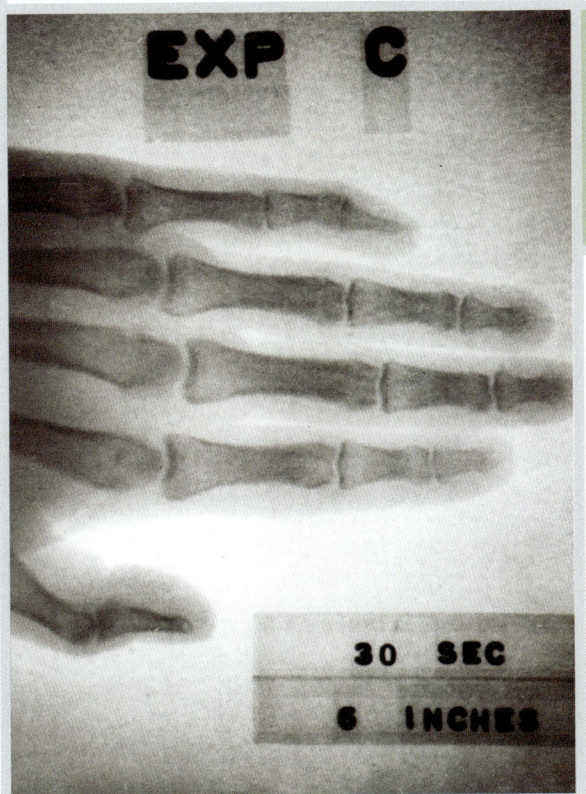

◀ 이 사진은 1963년경 프로메튬-147 기반의 휴대용 X선 장비로 촬영한 것이다.

란탄족 원소

# 사마륨 Samarium

발견 연도: 1879년    발견자: 폴 에밀 르코크 드 부아보드랑

62

62
## Sm
Samarium
150.36

원자번호: 62
족: 란탄족
주기: 6주기
블록: f블록
원자량: 150.36

녹는점: 1072℃
끓는점: 1900℃
밀도: 7.52g/cm³(상온 기준)
외관: 은백색 금속

▲
사마륨은 반짝이는 은백색 금속으로, 지각에서 40번째로 풍부한 금속이다.

134

사마륨은 은백색의 금속이며 대기 중에서 천천히 산화한다. 사마륨이라는 이름은 이 원소가 발견된 사마스카이트 광석에서 유래했고, 이 광물의 이름은 독일의 형제 과학자 구스타프 로제와 하인리히 로제가 우랄산맥의 암석 표본을 연구할 수 있도록 처음 허가해 준 제정 러시아의 광공업 군단장 바실리 사마르스키 비코베츠 대령의 이름을 딴 것이었다. 19세기 후반에 이르러 란타넘 광물을 연구하는 과학자가 많아졌고, 그중 몇몇은 미지의 62번 원소를 발견했다고 발표하기도 했지만, 사마륨의 발견자로 공식 인정된 사람은 프랑스의 화학자 폴 에밀 르코크 드 부아보드랑이다. 그는 갈륨과 디스프로슘의 발견자이기도 하다.

사마륨은 네오디뮴과 함께 일렉트릭 기타 픽업, 헤드폰, 각종 모터류 등에 필요한 부피가 작고 엄청나게 강력한 자석 소재로 사용된다. 사마륨과 코발트의 화합물인 이 자석은 같은 크기의 철 자석의 1만 배에 달하는 자력을 발휘한다. 네오디뮴-철-붕소 자석은 그보다도 더 강력한데, 사마륨 자석은 고온 자성 유지 성능 면에서 우위를 보인다.

사마륨의 동위원소 중에는 운석과 암석의 연대 측정에 사용될 정도로 반감기가 긴 것이 있다. 이들 동위원소는 시간이 흐르면 네오디뮴 동위원소로 붕괴하고 과학자들은 그 변화의 정도를 측정하여 표본의 연대를 추정한다. 의학 분야에서는 사마륨-153 동위원소가 쿼드라멧이라는 암 치료 약의 성분으로 폐, 전립선, 유방, 뼈에 생기는 암세포를 죽인다.

▲ 사마륨 자석은 헤드폰, 소형 모터, 일렉트릭 기타의 픽업 등으로 사용된다.

란탄족 원소

# 유로퓸 Europium

발견 연도: 1901년  발견자: 외젠 아나톨 드마르세

**63**

## 63 Eu
Europium
151.964

원자번호: 63
족: 란탄족
주기: 6주기
블록: f블록
원자량: 151.964

녹는점: 826°C
끓는점: 1529°C
밀도: 5.244g/cm³(상온 기준)
외관: 은백색 금속

▲
유럽 대륙에서 이름을 딴 유로퓸은 희토류 금속 중에서도 가장 희귀한 물질에 속한다.

유로퓸은 연질·연성의 은색 금속으로 대기에 노출되면 짙은 색 산화 피막을 형성한다. 칼슘과 마찬가지로 물과 격렬하게 반응하여 유로퓸 수산화물과 수소 가스를 생성한다. 1901년 프랑스의 화학자 외젠 아나톨 드마르세가 처음으로 분리했지만, 사실은 이미 1892년에 역시 프랑스 학자인 폴 에밀 르코크 드 부아보드랑이 사마륨-가돌리늄 농축물에서 이 물질을 확인한 적이 있다.

상업 목적의 유로퓸은 바스트네사이트나 모나자이트 같은 란탄족이 풍부한 광석에서 추출하는 방식으로 생산된다. 이들 광석은 주로 중국 내몽골의 바얀오보 광산, 캘리포니아주의 마운틴 패스 희토류 광산 등에 매장되어 있다.

유로퓸은 다른 원소에 비해 산업적 용도가 그리 많지 않다. 두 종류의 유로퓸 산화물($Eu_2O_3$)이 컴퓨터와 평면 TV의 스크린 소재로 사용된다. 하나는 적색광을 내는 3가 유로퓸이고 다른 하나는 청색의 2가 유로퓸이다. 산화유로퓸의 적색광은 절전형 전구나 가로등에서 따뜻한 자연광을 연출하는 데 사용되기도 한다. 이 광물이 없었다면 오늘날 거리는 차가운 흰색 가로등을 쓸 수밖에 없어 훨씬 을씨년스러운 풍경이었을 것이다.

유로퓸 화합물은 지폐, 특히 유로화의 보안 수단으로 사용되기도 한다. 유로화 지폐에 자외선을 비추면 유로퓸 화합물의 전자가 들뜬 상태가 되어 형광색 빛을 낸다. 자외선을 비추어도 숨은 그림이 형광색으로 드러나지 않으면 그것은 위조지폐라는 증거다.

# Eu

▲ 50유로 지폐에는 위조 방지 조치로 유로퓸이 적용되었다.

란탄족 원소

# 가돌리늄 Gadolinium

## 64

발견 연도: 1880년  발견자: 장 샤를 갈리사르 드 마리냑

**64**
**Gd**
Gadolinium
157.25

원자번호: 64
족: 란탄족
주기: 6주기
블록: f블록
원자량: 157.25

녹는점: 1312°C
끓는점: 3273°C
밀도: 7.9g/cm$^3$(상온 기준)
외관: 은백색 금속

▲
은백색의 란탄족 금속인 가돌리늄의 생산지는 중국, 미국, 브라질, 스리랑카, 인도, 호주 등이다.

Gd

가돌리늄은 질기고 잘 늘어나는 은백색의 란탄족 금속이다. 란탄족 원소 중 6번째, 지각에서 41번째로 풍부하다. 1880년 스위스의 화학자 장 샤를 갈리사르 드 마리냑이 분광분석을 통해 발견했다. 원소명은 가돌리나이트(gadolinite)라는 광물에서 왔고, 그 광물 이름은 핀란드 화학자 요한 가돌린의 이름을 딴 것이다.

가돌리늄의 주요 응용 분야 중 하나는 원자로다. 가돌리늄은 모든 원소 중에서 중성자 포집 능력이 가장 우수하기 때문이다. 따라서 원자로 제어봉 소재뿐만 아니라 비상시 원자로를 강제 정지하는 데도 사용된다. 의외의 응용 분야가 또 있다. 바로 자기장 냉장고다. 주변에서 흔히 보는 가정용 냉장고와 달리 이 냉장고는 자기장을 가하면 가돌리늄 합금이 가열되었다가 자기장을 제거하면 원래보다 낮은 온도로 내려가는 원리를 이용한 것이다. 아직 상업적으로 이용되지는 않고 있지만, 이 원리는 향후 환경과 에너지 효율 면에서 상당한 이점을 발휘할 것으로 기대된다.

가돌리늄이 인체에서 맡은 역할은 아직 알려진 바가 없지만 의학적으로는 다양한 응용 분야가 있다. 우선 MRI 촬영 이미지를 더 쉽게 볼 수 있게 해주는 조영제로 사용된다. 순수 가돌리늄은 인체에 독성 물질이지만 킬레이트화 과정을 거치면 조영제로 안전하게 쓸 수 있다. 즉, 독성을 중화하는 다른 이온과 섞인 상태로 고유의 기능을 발휘하는 것이다.

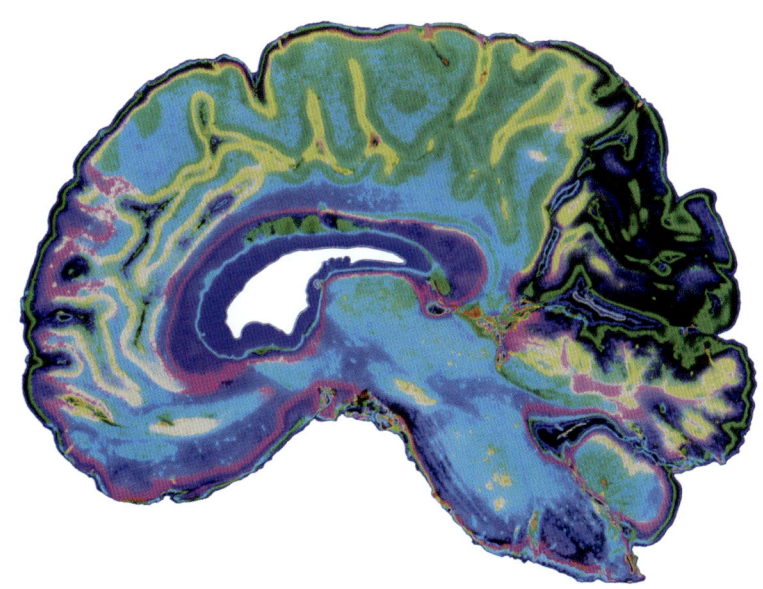

▲ 가돌리늄 조영제는 MRI 촬영 시 뇌종양 등 여러 뇌 관련 질환을 진단하는 데 사용된다.

란탄족 원소

# 터븀 Terbium

발견 연도: 1843년　　발견자: 칼 구스타프 모산데르

**65**

65
**Tb**
Terbium
158.925

원자번호: 65　　녹는점: 1356°C
족: 란탄족　　끓는점: 3123°C
주기: 6주기　　밀도: 8.23g/cm³ (상온 기준)
블록: f블록　　외관: 은백색 금속
원자량: 158.925

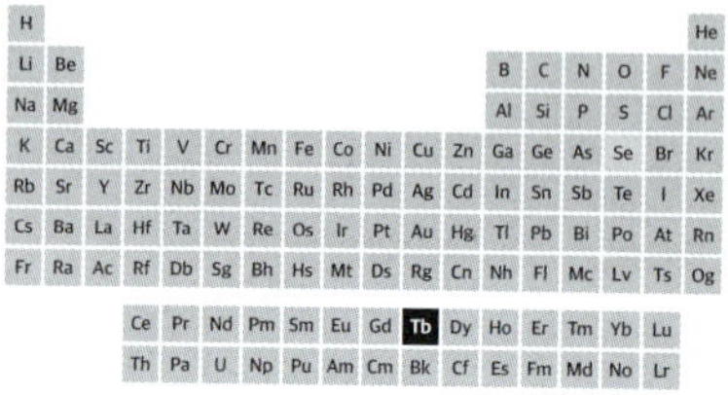

▲ 란탄족의 9번째 원소인 터븀은 자연계에 순수한 형태로 존재하지 않으며, 가돌리나이트, 모나자이트 등의 광석에서 추출해야 한다.

이터븀, 이트륨, 어븀 등도 그렇지만, 터븀이라는 이름은 발견 당시 이 원소가 들어 있던 광물의 매장지에서 가까운 스웨덴의 이터비 마을에서 따온 것이다. 그래서 이터비는 지명에서 유래한 원소명을 가장 많이 배출한(4개) 곳이다. 그 외에 다른 지역은 아무리 많아도 하나밖에 없다.

터븀은 1843년에 칼 구스타프 모산데르가 산화이터븀, 즉 '이트리아' 광물을 분석하다가 발견했다. 질기고 잘 늘어나며 칼로 자를 수 있을 정도로 부드러운 은색 금속이다. 또 란탄족에서 가장 희소한 금속 중 하나로, 반응성이 커서 자연계에 순수한 터븀은 없고 모나자이트, 바스트네사이트, 엑세나이트 등의 광석 형태로만 존재한다.

터븀은 유로퓸처럼 자외선을 비추면 형광색 빛을 발하는 성질이 있어 유로화 지폐의 위조 방지제로 쓰인다. 터븀 형광체는 LED 스크린의 녹색광 생성에도 사용된다. 터븀은 3가 유로퓸 화합물의 적색광, 2가 유로퓸의 청색광 등과 어우러진 삼색 광원에서 밝은 백색광을 담당하는데, 이 광원은 백열 광원에 비해 단위 에너지당 조도가 훨씬 더 높다.

터븀, 철, 디스프로슘을 결합한 테르페놀-D 합금은 이례적으로 전류를 흘리면 진동하는 자기 변형 특성이 있다. 따라서 이 합금은 평평한 표면을 스피커로 바꿀 수 있어 이미 액추에이터와 해군 음파 탐지 시스템에 사용되고 있으며, 향후 더 많은 응용 분야가 개발되리라고 예상된다.

◀
스웨덴의 화학자 칼 구스타프 모산데르 (1797~1859)는 란타넘, 어븀, 터븀 등 세 종류의 화학 원소를 발견했다.

란탄족 원소

# 디스프로슘 Dysprosium

발견 연도: 1886년   발견자: 폴 에밀 르코크 드 부아보드랑

## 66

**66 Dy** Dysprosium 162.5

- 원자번호: 66
- 족: 란탄족
- 주기: 6주기
- 블록: f블록
- 원자량: 162.5
- 녹는점: 1407℃
- 끓는점: 2562℃
- 밀도: 8.54g/cm³(상온 기준)
- 외관: 은백색 금속

▲ 주기율표 66번 원소인 디스프로슘은 비록 어렵게 발견되었으나 다양한 상용 분야에서 귀중한 가치가 있는 것으로 드러났다.

디스프로슘은 그리스어로 '구하기 어렵다'라는 뜻인 디스프로시토스(dysprositos)에서 온 이름이다. 1886년에 프랑스의 화학자 폴 에밀 르코크 드 부아보드랑이 30번 넘게 시도한 끝에 겨우 산화물에서 분리했기 때문이다. 사실 1950년대에 이르러서야 또 다른 화학자인 아이오와대학교 프랭크 스페딩이 비교적 순수한 디스프로슘 금속과 그 산화물을 얻을 수 있었다. 순수한 디스프로슘은 자연계에 존재하지 않고 제노타임, 퍼거소나이트, 가돌리나이트, 모나자이트, 바스트네사이트 등의 광물에 존재한다. 상업적으로 쓰이는 디스프로슘은 대부분 모나자이트 모래로 이트륨을 생산하는 공정의 부산물로 나온다. 연간 생산량은 약 100톤이고 그중 99%가 중국에서 생산된다.

디스프로슘의 가장 큰 응용 분야는 약 98%를 차지하는 자석이다. 네오디뮴-철-붕소 자석에서 네오디뮴을 6% 정도 덜어내고 디스프로슘을 첨가하면 자기력이 증가하여 오랫동안 자성을 유지하면서도 외부 자기장을 견딜 수 있다. 풍력 터빈과 전기 자동차에 사용되며, 모든 전기 자동차에는 모터 하나당 약 100g의 디스프로슘이 필요하다. 장기적으로 전기 자동차가 보편화되면 디스프로슘의 공급이 수요를 미처 충족할 수 없을 것이다.

디스프로슘의 또 다른 중요한 응용 분야는 방사선 선량계다. 디스프로슘 금속을 황산칼슘이나 불화칼슘 결정에 추가한 후 전리 방사선에 노출하면 형광색 빛을 발한다. 이때 방출되는 광량을 선량계가 측정하여 방사선량으로 환산한 값을 보여준다.

▲
네오디뮴, 철. 붕소에 디스프로슘을 함께 섞은 자석은 풍력 발전기의 부품으로 사용된다.

란탄족 원소

# 홀뮴 Holmium

발견 연도: 1878년
발견자: 페르 테오도르 클레베(스웨덴), 마크 델라폰테인(스위스), 루이스 소레(스위스)

**67**

67
**Ho**
Holmium
164.93

원자번호: 67
족: 란탄족
주기: 6주기
블록: f블록
원자량: 164.93

녹는점: 1461°C
끓는점: 2600°C
밀도: 8.79g/cm³ (상온 기준)
외관: 연질 은색 금속

▲ 홀뮴은 란탄족의 11번째 원소이며 자기적으로 여러 가지 특이한 성질이 있다.

# Ho

홀뮴도 여느 란탄족 원소처럼 잘 늘어나고 부드러운 은백색 금속이다. 공동 발견자 중 한 명인 스웨덴 스톡홀름 출신 화학자 페르 테오도르 클레베는 자기 고향의 라틴어 이름인 홀미아(Holmia)에서 원소명을 따왔다.

홀뮴은 자연계에 존재하는 모든 원소 중에서 자기력이 가장 크지만, 철, 코발트, 니켈과 달리 외부에서 자기장이 가해져야 자력을 띤다. 강력한 자석의 극으로 사용되며 영구 자석을 제작하는 공정의 부품이 되기도 한다. 홀뮴의 이런 특이한 자기 특성을 데이터 저장 장치로 활용하는 방안도 연구되어왔다. 2017년에 IBM 연구진은 홀뮴 원자 하나로 세계에서 가장 작은 자석을 만든 다음 전류를 흘려 자성의 극을 바꾸는 데 성공한 적이 있다. 이런 기술이 완성된다면 언젠가 여러 개의 하드 드라이브가 필요한 용량의 데이터가 신용카드만 한 장치에 들어갈 날이 올지도 모른다.

홀뮴은 인체에 필수 요소는 아니며, 한 사람당 연간 평균 소비량도 약 1mg에 불과하다. 그러나 이 원소는 이트륨-알루미늄-가넷(YAG) 시술 레이저에 포함되어 신장 결석 제거나 작은 암 종양 제거 같은 수술용으로 사용된다. 이 레이저가 방출하는 빛은 인간의 시력을 손상시키지 않아 안과 수술에도 적합하다.

▲ 산화홀뮴은 큐빅 지르코니아의 붉은색을 담당하여 사진과 같은 석류석 계열의 보석을 만들어낸다.

란탄족 원소

# 어븀 Erbium

발견 연도: 1842년   발견자: 칼 구스타프 모산데르

## 68

### 68 Er
Erbium
167.259

원자번호: 68
족: 란탄족
주기: 6주기
블록: f블록
원자량: 167.259

녹는점: 1529°C
끓는점: 2868°C
밀도: 9.066g/cm³(상온 기준)
외관: 연질 은색 금속

▲ 어븀은 다른 란탄족 원소가 모두 그렇듯이 은백색 금속이며, 광섬유 케이블, 의료용 레이저, 유리 착색제 등 다양한 용도로 사용된다.

어븀이라는 이름은 이 광석이 처음 발견된 스웨덴의 이터비라는 광산 마을에서 따왔다. 어븀 역시 다른 란탄족 원소들처럼 부드럽고 잘 늘어나는 은색 금속이다. 란타넘과 터븀도 발견한 칼 구스타프 모산데르가 1842년에 처음 발견했다.

어븀 염은 자연계의 자외선에 노출되면 분홍색 형광을 발산하므로 카메라 필터, 선글라스 렌즈, 보안경 등에 사용된다. 어븀은 이런 특성 때문에 각종 보석과 도자기의 착색제로도 사용된다. 그러나 상용화될 정도로 가격이 저렴해진 것은 1990년대에 이르러서의 일이었다.

어븀은 광섬유 케이블에서 광신호가 목적지에 도달할 때까지 약해지지 않도록 증폭하는 역할을 한다. 광섬유 케이블은 해저에 설치될 경우 모든 데이터의 대륙 간 전송을 무사히 완수하는 한편, 전자기장을 감지하는 상어로부터 주목받기도 한다. 그래서 광섬유 케이블은 상어의 공격으로부터 데이터를 보호하기 위해 표면을 케블라 섬유로 감싸게 된다.

또 어븀은 미용, 치과 등의 의료 시술용 레이저와 원자로 내 중성자 흡수 제어봉에도 사용된다.

◀
산화어븀은 용접 작업자의 눈을 보호하는 보안경 렌즈에 도핑 소재로 들어간다.

란탄족 원소

# 툴륨 Thulium

발견 연도: 1879년　　발견자: 페르 테오도르 클레베

**69**

### 69 Tm
Thulium
168.934

원자번호: 69
족: 란탄족
주기: 6주기
블록: f블록
원자량: 168.934

녹는점: 1545°C
끓는점: 1950°C
밀도: 9.32g/cm³ (상온 기준)
외관: 은회색 금속

▲
툴륨은 부드러운 란탄족 금속이며, 대기에 노출되면 천천히 색이 변한다.

툴륨은 부드러운 은회색 금속이자 란탄족의 13번째 원소로, 1879년 스웨덴의 화학자 페르 테오도르 클레베가 처음 발견했다. 란탄족에서 프로메튬 다음으로 희소한 물질이므로 그야말로 '희토류' 원소라고 할 수 있고, 따라서 희소가치가 매우 크다. 그런데도 툴륨은 다른 란탄족 원소와 차별되는 특성이나 용도가 없어 수요는 그리 크지 않다.

툴륨이라는 이름은 그리스 신화에서 아무도 가보지 못한 북쪽의 땅 툴레(Thule)를 일컫는 말로, 오늘날 북유럽 국가와 관련된 이름이다. 1879년 페르 테오도르 클레베가 발견한 후 30년이 지난 1911년이 되어서야 미국의 화학자 찰스 제임스가 순수한 툴륨을 분리해냈다. 제임스는 이 원소를 분리하기까지 무려 1만 5,000개의 단계를 거쳐야 했다. 이 원소는 그야말로 신화 속의 땅만큼이나 찾기 어려웠던 셈이다.

툴륨은 유로퓸, 터븀 등과 마찬가지로 자외선에 비추면 파란색 형광을 내므로 유로화 지폐의 위조 방지 수단으로 사용된다. 또 홀뮴 및 크로뮴과 함께 이트륨-알루미늄-가넷(YAG) 레이저로 군사 및 의료 분야에 사용되기도 한다. 툴륨-170 동위원소는 휴대용 X선의 광원으로 사용할 수 있다. 반감기는 128.6일이며, 툴륨 광원 장비의 수명은 약 1년이다.

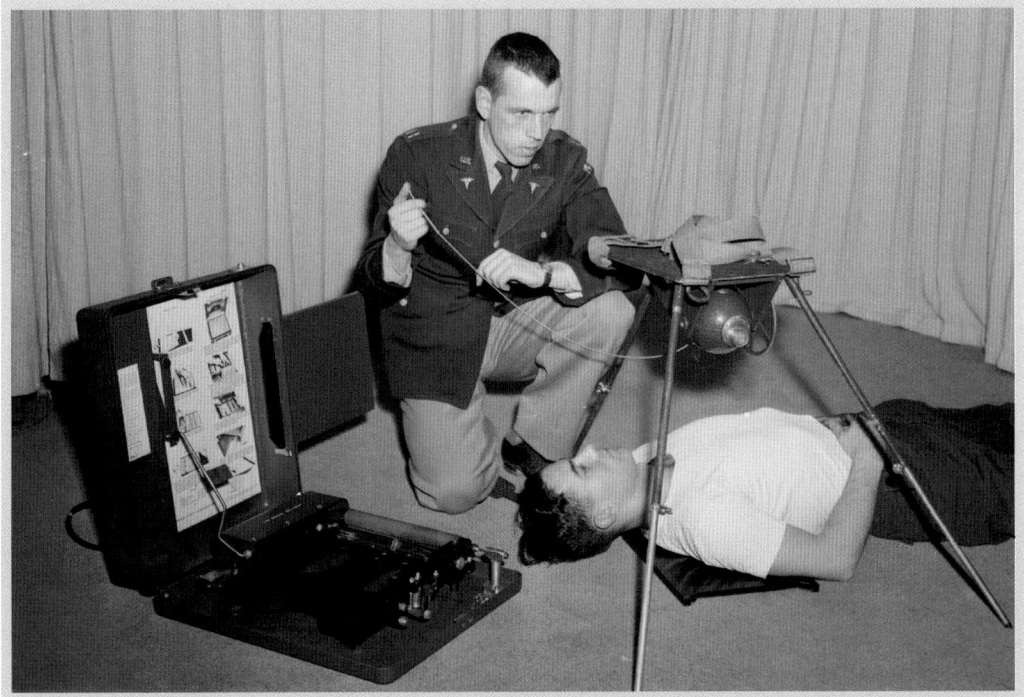

▲ 1955년에 촬영된 이 사진은 방사성 툴륨을 광원으로 한 휴대용 X선 장치이다. 전기, 수도, 암실 등이 갖추어지지 않았던 당시에도 이 장치가 현장에 적용되었음을 알 수 있다.

란탄족 원소

# 이터븀 Ytterbium

발견 연도: 1878년    발견자: 장 샤를 갈리사르 드 마리냑

**70**

## 70 Yb
Ytterbium
173.045

원자번호: 70
족: 란탄족
주기: 6주기
블록: f블록
원자량: 173.045

녹는점: 824°C
끓는점: 1196°C
밀도: 6.9g/cm³ (상온 기준)
외관: 은백색 금속

▲
이터븀은 1878년에 발견되었지만, 순수 금속 표본이 분리된 것은 1953년에 이르러서의 일이었다.

150

은백색의 란탄계 금속인 이터븀은 스웨덴 이터비 마을에서 이름을 딴 네 원소 중 마지막 원소였지만, 이런 결정이 결코 간단하게 내려진 것은 아니었다. 사실 이 원소의 이름에 관해서는 수십 년간 논쟁이 지속되었다.

논란은 1878년에 장 샤를 갈리사르 드 마리냑이 어떤 광물을 발견한 후 여기에 '이터비아'라는 이름을 붙이면서 시작되었다. 1905년, 칼 아우어 폰 벨스바흐는 이터비아가 사실 두 가지의 다른 원소로 구성된 물질이라고 설명하면서 그 둘을 알데바란과 카시오피움이라고 불렀다. 2년 후, 조르주 위르뱅은 다시 이터비아에 포함된 두 가지 화합물을 새롭게 발표했고, 그 둘을 네오이터비아와 루테시아라고 명명했다. 1909년, 마침내 이 두 원소의 발견자가 조르주 위르뱅으로 공식 인정되었고, 원소명은 각각 이터븀(70번)과 루테튬(71번)으로 정해졌다.

이터븀의 응용 분야는 다양한데, 스테인리스강의 특성을 강화하는 첨가제, 휴대용 X선 장비의 감마선 광원(툴륨도 사용된다), 그리고 산업용 촉매 등이다. 원자시계에도 사용되는데, 이 시계의 동력원은 이터븀 원자 1만 개로 구성된 광학 격자를 절대온도 1,000만 분의 1℃로 냉각한 물질이다. 이 시계의 정확도는 우주의 나이만큼 시간이 흐를 때 오차가 단 1초에 불과할 정도이므로 세슘 원자시계보다 훨씬 더 우수하다.

이터븀은 압력에 따라 전기 전도도가 바뀌는 특이한 특성이 있다. 따라서 지진이나 핵폭발처럼 엄청난 압력을 측정하는 장비의 소재로 사용된다.

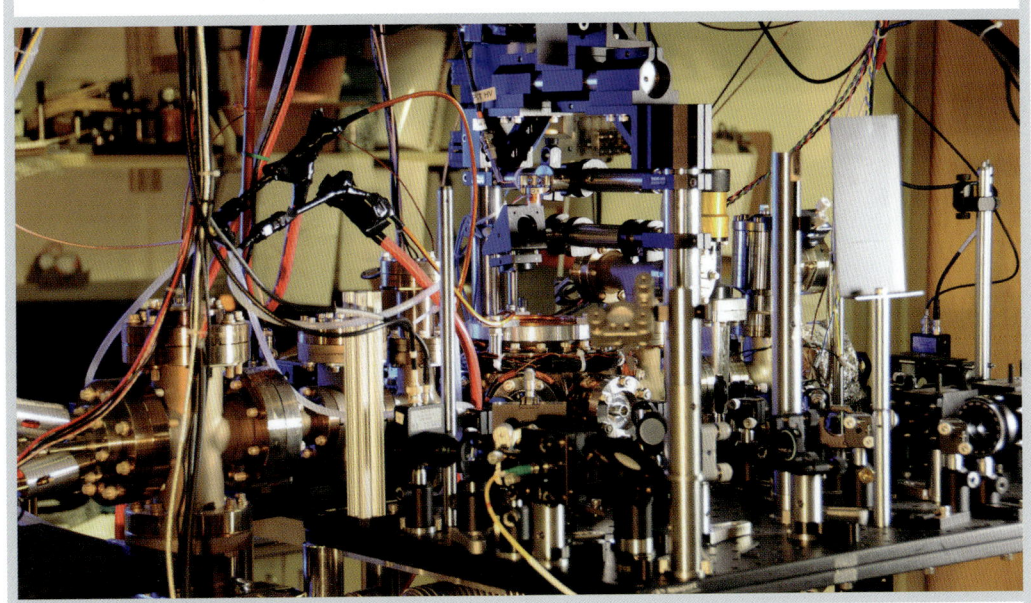

▲ 이터븀 격자 원자시계는 놀랍게도 세슘 원자시계보다 최대 10배나 더 정확하다.

**란탄족 원소**

# 루테튬 Lutetium

발견 연도: 1907년
발견자: 조르주 위르뱅(프랑스), 칼 아우어 폰 벨스바흐(오스트리아), 찰스 제임스(미국)

**71**

| 71 **Lu** Lutetium 174.967 | 원자번호: 71<br>족: 란탄족<br>주기: 6주기<br>블록: f블록<br>원자량: 174.967 | 녹는점: 1652°C<br>끓는점: 3402°C<br>밀도: 9.841g/cm³(상온 기준)<br>외관: 은백색 금속 |
|---|---|---|

▲ 원자번호 71번의 은백색 금속인 루테튬은 지각에 존재하는 양이 은보다 약간 더 많다.

152

루테튬은 1907년에 프랑스의 조르주 위르뱅, 오스트리아의 칼 아우어 폰 벨스바흐, 미국의 찰스 제임스가 란탄족에서 가장 마지막으로 발견한 원소다. 세 과학자가 모두 각각 이터비아 광석에서 이 원소를 발견했지만, 그 사실을 가장 먼저 발표한 사람은 위르뱅이었으므로 그가 최종 발견자로 공인되었다. 위르뱅은 자기 고향인 파리의 라틴어 명칭인 루테티아에서 딴 루테슘(lutecium)을 원소명으로 삼았고, 공식 명칭도 이렇게 정해졌다. 이후 1949년에 루테튬(lutetium)으로 철자가 공식 변경되어 지금까지 이어져온다.

루테튬은 란탄족 원소 가운데 무게와 밀도, 경도가 모두 가장 크며, 융점도 가장 높다. 루테튬을 란탄족 대신 전이 금속으로 분류하는 과학자도 있다.

루테튬은 대량생산이 어려워 응용 분야가 많지 않으나, 그중 하나가 루테튬-하프늄 연대 측정이다. 루테튬-176 동위원소가 하프늄-176으로 붕괴한 정도를 측정하여 운석을 비롯한 여러 암석의 나이를 계산하는 방식이다. 이 붕괴 과정의 반감기는 371억 년에 달하므로 운석의 나이를 측정하는 기준으로는 충분하다고 할 수 있다.

산화루테튬은 석유화학 산업에서 촉매제로 사용된다. 원유의 거대한 탄화수소 분자를 작은 분자로 분해하여 유용한 성분으로 바꾸는 역할이다. 의학 분야에서는 방사성 동위원소 루테튬-177이 신경계나 내분비계에 발생한 암의 치료제로 사용된다. 진행성 전립선암의 치료 효능은 현재 임상 시험이 진행 중이다.

◀ 조르주 위르뱅(1872~1938)은 루테튬을 발견한 프랑스 화학자로, 연구 인생의 대부분을 란탄족 원소, 즉 희토류를 연구하는 데 바쳤다.

전이 금속

# 하프늄 Hafnium

72

발견 연도: 1923년  발견자: 게오르크 카를 폰 헤비시, 디르크 코스테르

72
## Hf
Hafnium
178.486

원자번호: 72  녹는점: 2233°C
족: 4족  끓는점: 4603°C
주기: 6주기  밀도: 13.31g/cm³(상온 기준)
블록: d블록  외관: 철회색 금속
원자량: 178.486

▲ 하프늄과 지르코늄은 화학적으로 매우 유사하며, 두 원소 모두 일메나이트와 루타일 광석에서 추출된다.

**Hf**

하프늄은 반짝이는 은회색 전이 금속으로, 주기율표 바로 윗자리의 지르코늄과 화학적으로 매우 유사하다. 드미트리 멘델레예프는 1869년에 이미 72번 원소의 존재를 예측했지만, 하프늄은 1923년에 와서야 덴마크 코펜하겐에서 디르크 코스테르와 게오르크 카를 폰 헤비시에 의해 발견되었다. 하프늄이라는 이름은 코펜하겐의 라틴어 이름인 하프니아(Hafnia)를 따서 지은 것이다.

하프늄은 부식에 강하고 녹는점이 높아 용접 토치와 플라스마 절단 팁으로 사용된다. 또 지르코늄의 600배에 달하는 중성자 흡수 능력 덕분에 원자로 내 제어봉에도 사용된다. 하프늄은 내열성이 강해 컴퓨터 프로세서에 사용되며, 산화하프늄은 DVD 리더기의 청색 레이저, 마이크로칩용 전기 절연체 등에 사용된다.

하프늄이 생체에서 하는 일은 아직 알려지지 않았으며 일반적으로 독성은 없는 것으로 알려졌지만, 미국 국립산업안전보건연구원은 8시간 근무 기준 하루 최대 TWA(시간 가중 평균) 노출 한도를 $0.5mg/m^3$로 정하고 있다. 이 수준에 도달하면 생명과 건강에 직접 위협이 되는 것으로 판단한다. 하프늄의 또 다른 위험은 분말 형태로 공기에 노출되면 자연적으로 화재가 발생할 수 있다는 점이다. 따라서 하프늄 공정 관련 인원은 누구나 특별한 주의를 기울여야 한다.

◂ 헝가리의 방사선 화학자 게오르크 폰 헤비시(1885~1966)는 네덜란드의 물리학자 디르크 코스테르와 함께 하프늄 원소를 발견했다.

전이 금속

# 탄탈럼 Tantalum

발견 연도: 1802년  발견자: 안데르스 구스타프 에셰베리

**73**

73
**Ta**
Tantalum
180.948

원자번호: 73
족: 5족
주기: 6주기
블록: d블록
원자량: 180.948

녹는점: 3017℃
끓는점: 5458℃
밀도: 16.69g/cm³(상온 기준)
외관: 청회색 금속

▲ 탄탈럼은 내부식성이 강하고 화학적으로 안정된 금속이며 녹는점이 매우 높다.

탄탈럼은 반짝이는 청회색 전이 금속으로, 매우 단단하고 잘 늘어나며 부식에 강하다. 그리스 신화 속 인물인 탄탈로스에서 원소명을 따왔다. 그는 신들을 속여서 자기 아들을 먹게 한 죄로 징벌을 받았다. 신들은 그를 물속에 머리만 나오도록 세워두고 머리 바로 위 나뭇가지에 열매를 달아놓아 그가 열매도 먹을 수 없고 물도 마실 수 없이 영원히 고통받게 만들었다. 탄탈럼을 발견한 스웨덴의 화학자 안데르스 에셰베리는 탄탈럼을 산에 집어넣어도 산을 흡수하거나 산에 포화되지 않았기 때문에 이런 이름을 선택했다.

탄탈럼은 다양한 산업 분야에 사용된다. 탄탈럼 합금은 강도와 내열성이 우수해 제트 엔진 부품과 터빈 블레이드에 특히 적합하다. 또 핸드폰과 컴퓨터의 전기 부품, 특히 콘덴서, 저항 등의 소재가 된다.

탄탈럼은 인체에 필요하지 않으나 의료용으로 중요한 물질이다. 탄탈럼은 체액과 반응하거나 체내 면역 반응을 일으키지 않아 임플란트 치아나 수술 도구 소재로 적합하다.

탄탈럼을 얻는 가장 중요한 광석은 콜탄이며, 이 광석에서 나이오븀도 생산된다. 콜탄의 주요 매장지는 중앙아프리카이며, 이 광석의 밀수와 반출은 콩고민주공화국에서 끝없이 이어지는 전쟁의 핵심 자금 조달원이었다. 1998년 이후 이 전쟁으로 인한 사망자는 540만 명에 이른다.

▲ 탄탈럼은 사진에 보이는 인쇄 회로 기판 커패시터를 비롯한 전자 산업에 널리 사용된다.

[전이 금속]

# 텅스텐 Tungsten

발견 연도: 1783년    발견자: 후안 엘후야르, 파우스토 엘후야르 형제

74

**W**
Tungsten
183.84

원자번호: 74
족: 6족
주기: 6주기
블록: d블록
원자량: 183.84

녹는점: 3422°C
끓는점: 5930°C
밀도: 19.25g/cm³ (상온 기준)
외관: 회백색 금속

▲
연한 빛의 석영 덩어리 속에 텅스텐을 함유한 짙은 색깔의 울프라마이트 결정체가 보인다.

텅스텐은 매우 단단한 은회색 금속으로, 1781년에 스웨덴의 칼 빌헬름 셸레가 발견한 뒤 1783년에 스페인의 후안 엘후야르와 파우스토 엘후야르 형제가 금속 상태로 분리했다. 텅스텐의 녹는점(3422℃)은 금속 중에서 가장 높고, 모든 원소를 통틀어도 탄소에 이어 두 번째로 높다.

텅스텐의 이름은 이 원소가 함유된 회중석이라는 광물의 스웨덴어 단어에서 따왔다. 원래 뜻은 '무거운 돌'이라고 한다. 텅스텐의 화학 기호인 W는 이 원소의 다른 이름인 울프람(wolfram)에서 유래했고, 그 이름은 텅스텐을 함유한 또 다른 광석인 울프라마이트(wolframite)에서 왔다. 재미있는 사실은 이 이름이 독일어로 '검댕을 삼키다', 또는 '크림을 먹어 치우다'라는 뜻인 볼프 람(wolf rahm)에서 유래했다는 것이다. 이 광석에서 텅스텐을 추출하는 과정이 마치 늑대가 먹이를 삼키듯이 엄청난 양의 주석을 소모한다는 데서 이런 이름이 생겼다고 한다.

텅스텐의 가장 큰 용도는 세상에서 가장 단단한 물질인 초경합금 공구로, 이것이 전체 텅스텐 사용량의 55%를 차지한다. 텅스텐 초경합금은 광업, 건설, 항공우주, 자동차, 전자 등 산업 전반에 광범위한 용도로 사용된다. 전 세계 생산량 중 또 다른 20%는 철강을 비롯한 기타 합금 생산에 사용된다. 텅스텐이 전구 필라멘트에 사용되는 것은 누구나 알고 있지만, 이 용도로 사용되는 비중은 전체 텅스텐 생산량의 약 4%에 불과하다.

텅스텐이 인체에서 하는 일은 전혀 없으며 동물이 먼지로 흡입하면 오히려 암을 비롯한 여러 질병을 유발한다. 그러나 텅스텐은 박테리아와 고세균 종의 효소 내에 존재하며, 두 종류의 고세균에는 필수 원소이기도 하다.

W

▲ 클래식 전구에는 가열된 전선에 불이 붙지 않도록 아르곤과 같은 불연성·불활성 가스로 둘러싸인 텅스텐 필라멘트가 들어 있다.

전이 금속

# 레늄 Rhenium

발견 연도: 1925년    발견자: 발터 노다크, 이다 타케, 오토 베르크

**75**

## Re
Rhenium
186.207

원자번호: 75
족: 7족
주기: 6주기
블록: d블록
원자량: 186.207

녹는점: 3186℃
끓는점: 5630℃
밀도: 21.02g/cm³(상온 기준)
외관: 은회색 금속

▲ 레늄은 보통 분말로 생산되지만, 압착과 소결 과정을 거쳐 고체로 만들 수 있다.

160

레늄은 단단한 은회색 전이 금속이며 안정 원소(입자 방출이나 전자 방사 등에 의해 다른 원소로 바뀌지 않는 원소-옮긴이)로는 가장 최근인 1925년에 발견된 물질이다. 사실 이 원소는 1908년에 일본의 화학자 오가와 마사타카가 발견했지만, 그는 이 원소를 주기율표 43번 자리에 잘못 배치했다(그 자리에 맞는 테크네튬은 1937년에 발견된다). 공식 발견자의 칭호는 그 후 17년이 지나 독일의 화학자 발터 노다크, 이다 타케, 오토 베르크 등에게 돌아갔다. 그들은 이 원소에 라인강의 라틴어 명칭인 레누스(Rhenus)에서 따온 이름을 붙였다.

지각에서 가장 희소한 원소에 속하는 레늄의 연간 정제량은 50톤이 채 안 되나, 재활용을 통해 10톤이 추가로 공급된다. 레늄은 주로 몰리브데넘과 망가니즈 광석에서 얻고, 주요 생산지는 칠레, 미국, 폴란드, 한국, 중국 등이다. 생산된 레늄의 상당량은 제트 엔진 부품용 고온 합금 제조에 사용된다. 이 합금의 최고 가동 온도는 1,600℃에 달하므로 엔진 효율이 향상되고 아산화질소($N_2O$) 배출량은 줄어든다. 레늄-백금 합금은 저옥탄가 원유를 고옥탄가의 액체로 전환하는 공정의 촉매로 사용된다(옥탄가가 높을수록 엔진의 성능이 좋아지고 연료가 안정적으로 점화된다-옮긴이).

레늄이 생체 내에서 하는 역할은 알려지지 않았지만, 두 가지 동위원소 레늄-186과 레늄-188은 간암 치료에 사용된다. 레늄-188은 피부암과 췌장암 치료에도 사용된다.

▲ 레늄은 녹는점이 매우 높아 제트 엔진의 소재인 초합금의 원소가 된다. 사진은 에어버스 A350 항공기에 장착된 롤스로이스 트렌트 XWB 엔진이다.

전이 금속

# 오스뮴 Osmium

발견 연도: 1803년  발견자: 스미슨 테넌트, 윌리엄 하이드 울러스턴

**76**

76
## Os
Osmium
190.23

원자번호: 76
족: 8족
주기: 6주기
블록: d블록
원자량: 190.23

녹는점: 3033℃
끓는점: 5012℃
밀도: 22.59g/cm³(상온 기준)
외관: 반짝이는 은색 금속

▲
오스뮴은 지구 지각에서 차지하는 비중이 1조분의 50에 불과한 매우 희귀한 금속이다.

오스뮴은 백금족(루테늄, 로듐, 팔라듐, 이리듐, 그리고 백금)의 단단하고 잘 부서지며 반짝이는 금속이다. 오스뮴은 지각에서 차지하는 비중이 1조분의 50에 불과한 가장 희귀한 원소이며, 자연계에 존재하는 원소 중에서 이리듐 다음으로 밀도가 크다. 오스뮴은 1803년 스미슨 테넌트와 윌리엄 하이드 울러스턴이 발견했고, 테넌트가 제조한 사산화오스뮴($OsO_4$)에서 염소(chlorine)와 마늘 비슷한 냄새가 났으므로 '냄새'라는 뜻의 그리스어 단어 오스메(osme)에서 이름을 따왔다.

오스뮴은 경도와 내부식성이 커서 만년필 펜촉, 나침반 바늘, 축음기 바늘 등 다양한 분야에 사용되고 있다. 오늘날의 레코드플레이어에 주로 다이아몬드나 사파이어 바늘이 사용되는 이유는 구식 장비의 오스뮴보다 가격은 비싸나 내구성이 우수하기 때문이다. 오스뮴은 전구 필라멘트의 소재로 사용된 적도 있지만 이 용도는 지금 텅스텐으로 바뀌었다. 독일의 전구 제조업체 오스람은 회사명 자체에 세상을 환하게 빛내준 두 원소, 즉 오스뮴과 울프람(텅스텐의 다른 이름)을 담았다.

사산화오스뮴은 유지와 강한 결합을 형성하여 검은색의 이산화오스뮴 잔류물을 남기는데, 이는 과거 형사들이 수사 현장에서 채취한 지문을 해독하는 데 사용했다. 하지만 현재는 이 화합물에서 독성이 확인됨에 따라 더 이상 사용되지 않는다. 그러나 지금도 의학 연구 분야에서는 전자 현미경으로 생물 표본을 관찰할 때 사산화오스뮴이 염색제로 사용된다.

◀ 오스뮴은 1950년대와 1960년대에 레코드플레이어의 바늘로 사용되었으나, 점차 사파이어와 다이아몬드 팁에 밀려났다.

Os

전이 금속

# 이리듐 Iridium

발견 연도: 1803년   발견자: 스미슨 테넌트

**Ir**
Iridium
192.217

원자번호: 77
족: 9족
주기: 6주기
블록: d블록
원자량: 192.217

녹는점: 2446°C
끓는점: 4130°C
밀도: 22.56g/cm³ (상온 기준)
외관: 은백색 금속

77

▲ 이리듐은 단단하고 부서지기 쉬운 은색의 금속으로, 화려한 색상의 염을 형성한다고 해서 그리스 신화에 나오는 무지개 여신의 이름이 붙었다.

# Ir

이리듐은 매우 희소한 금속이지만, 희한하게도 전 세계 모든 암석의 표면에 미세하게 형성된 석영층에 대단히 많은 양이 존재한다. 사실 이런 현상의 기원은 지름 10km의 소행성이 멕시코에 충돌하여 대폭발이 일어난 6,500만 년 전까지 거슬러 올라간다. 지구상에서 공룡을 멸종시킨 바로 그 대폭발의 잔해 속에 이리듐의 먼지층이 남아 있는 것이다.

이리듐은 오스뮴에 이어 지구상에서 두 번째로 밀도가 높은 금속이다. 이리듐은 공기, 물, 산 등이 유발하는 부식에 강하다. 이리듐을 녹이는 물질은 시안화나트륨 용액과 시안화칼륨뿐이다. 1803년에 이리듐을 발견한 영국의 화학자 스미슨 테넌트는 이 염이 매우 밝은 색으로 빛나는 것을 보고 그리스 신화의 무지개 여신인 아이리스를 따서 이리듐이라고 이름 붙였다.

이리듐은 매우 희소한 물질이므로 생산량이 제한되어 있다. 연간 생산량은 10톤 미만으로 2024년 기준 시장가격은 1g당 160달러 정도다. 그러나 이리듐은 이렇게 공급이 부족함에도 여러 산업 분야에 활용되고 있다. 이리듐은 경도가 크고 녹는점이 높아서 점화 플러그 팁과 쇳물을 녹이는 도가니의 소재로 사용된다. 이리듐-오스뮴 합금은 나침반 베어링과 만년필 펜촉에 사용되며, 이리듐-타이타늄 합금은 심해저 파이프 소재로 쓰인다.

▲ 이리듐-오스뮴 합금은 만년필 펜촉에 멋스러움을 더해준다.

전이 금속

# 백금 Platinum

**78**

발견 연도: 1735년  발견자: 안토니오 데 울로아

## 78 Pt
Platinum
195.084

원자번호: 78
족: **10족**
주기: **6주기**
블록: **d블록**
원자량: **195.084**

녹는점: **1768.3°C**
끓는점: **3825°C**
밀도: **21.45g/cm³**(상온 기준)
외관: **은백색 금속**

▲ 백금은 반응성이 거의 없는 금속이며, 지각에서 가장 희소한 원소 중 하나이다.

백금은 은백색의 반짝이는 금속으로 질기고 잘 늘어나며 반응성이 거의 없고 고온 내식성이 강하다. 영어 이름인 플래티넘은 스페인어 플라타(plata)의 지소어(원래의 개념보다 더 작은 의미를 담거나 귀엽게 부르는 말-옮긴이), 즉 '작은 은'이라는 뜻의 플라티나(platina)에서 왔다.

백금은 고대에도 사용되었으며, 기원전 1200년경 이집트 고분에서 출토된 상자에 금-백금 합금으로 된 상형문자가 장식된 것이 최초의 유물로 알려져 있다. 라틴아메리카 원주민들은 백금을 채굴하고 귀금속으로 여겼다. 1735년에 스페인의 한 해군 장교이자 과학자가 유럽인으로서는 최초로 이 금속을 체계적으로 연구하고 기록함으로써 공식적인 발견자로 역사에 이름을 남기게 되었다.

오늘날 백금이 가장 많이 생산되는 국가는 남아프리카공화국이며 러시아, 짐바브웨, 캐나다, 미국 순으로 그 뒤를 잇는다. 이 귀금속의 산업적 용도 중 가장 큰 분야는 자동차용 촉매 변환기다. 배기가스에 연소되지 않고 남아 있는 탄화수소를 인체에 무해한 수증기와 이산화탄소로 변환하는 장치다. 백금은 보석과 시계에도 들어가는데, 변색과 마모에 강하고 금보다 단단하므로 높은 가치를 자랑한다.

백금은 안정성과 내구성이 우수하므로 측정 표준을 정의하는 데도 사용된다. 1889년부터 1960년까지 1m는 얼음의 녹는점에서 백금 90%와 이리듐 10% 합금 막대의 길이로 정의되었다(현재 정의는 36번 '크립톤' 항목을 참조). 이 합금은 1889년부터 2019년까지 1kg의 정의로도 사용되었고, 이후에는 새로 발견된 여러 물리 상수로 대체되었다.

## Pt

◀ 2014년에 지구상에서 판매된 전체 백금의 3분의 1은 보석으로 사용되었다. 이 귀한 은색 금속이 장신구와 투자 품목으로 대단한 인기를 누리고 있음을 알 수 있다.

전이 금속

# 금 Gold

발견 연도: 기원전 3000년경

**79**

## Au
Gold
196.967

원자번호: 79
족: 11족
주기: 6주기
블록: d블록
원자량: 196.967

녹는점: 1064.18°C
끓는점: 2970°C
밀도: 19.3g/cm³ (상온 기준)
외관: 반짝이는 노란색 금속

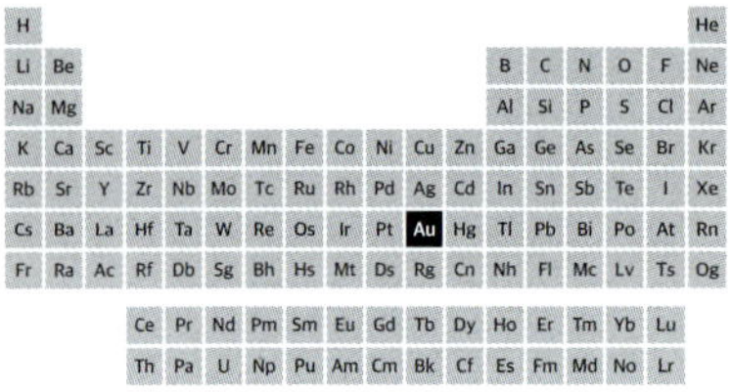

▲ 금은 반응성이 너무 약해 다른 원소와 화합물을 형성하지 않으므로 순수한 원소로 존재하는 경우가 많다. 금과 석영이 섞인 이 광석은 미국 네바다주에서 발견된 것이다.

**Au**

금은 그 반짝이는 노란색 자태로 인해 주기율표에서 가장 유명하고 사람들이 좋아하는 원소일 수밖에 없다. 반응성이 거의 없고 내부식성이 강해 높은 가치가 있으며 순수한 상태, 혹은 암석이나 강바닥에서 다른 귀금속과 혼합된 형태로 존재한다. 금의 화학 기호인 Au는 태양의 황금빛 광채를 가리키는 라틴어 단어 '아우룸(aurum)'에서 온 것이다. 금은 그 모습도 아름답지만, 모든 원소 중에서 가장 질기고 잘 늘어나므로 가는 철사로 만들거나 망치로 쳐서 거의 투명할 정도의 박막으로 만들 수도 있다.

지금까지 지구에서 채굴된 금의 양은 대략 17만 8,100톤에서 21만 2,582톤 사이이며, 추정 매장량은 약 5만 9,000톤이다. 나머지 약 2,000만 톤의 금은 전 세계의 해양에 희석된 상태로 존재하며, 이 금을 추출할 방법을 사람들은 오랫동안 연구해왔다. 그러나 현재까지 실현 가능한 방법은 발견되지 않았다.

금은 장신구로 널리 사용되며, 은행도 자산 가치가 상대적으로 안정된 금괴를 보유하기를 선호한다. 과거에는 각국 정부가 법정 화폐 단위를 일정량의 금으로 정의하는 경우가 많았지만, 2차 세계 대전 이후 거의 모든 국가가 이런 방식을 포기했고, 1999년에 스위스를 마지막으로 금본위제는 사실상 폐지되었다.

금박은 비활성이므로 먹어도 혈액에 흡수되지 않는다. 고급 초콜릿과 식품, 심지어 보드카와 시나몬 술에도 금박이 장식품으로 활용된다.

◀ 기원전 1334년부터 1325년까지 이집트를 통치한 파라오 투탕카멘의 매장 가면이 황금과 귀금속으로 화려하게 장식되어 있다.

전이 금속

# 수은 Mercury

발견 연도: 기원전 1500년경

80

80
**Hg**
Mercury
200.592

원자번호: 80
족: 12족
주기: 6주기
블록: d블록
원자량: 200.592

녹는점: -38.829℃
끓는점: 356.73℃
밀도: 13.546g/cm$^3$(상온 기준)
외관: 은색 액체

▲ 수은은 상온, 대기압에서 액체 상태로 존재하는 유일한 금속이다.

수은은 상온, 대기압에서 액체 상태로 존재하는 두 원소 중 하나이다(다른 하나는 원자번호 35번인 브로민이다). 수은의 이름은 로마 신화에 나오는 신의 사자 '머큐리'에서 따왔다. 물 흐르듯이 움직이는 수은의 모습이 모자와 샌들에 날개를 달고 하늘을 빨리 날던 머큐리를 닮았다는 뜻이다. 수은의 또 다른 영어 이름은 '퀵실버(quicksilver)'이며, 화학 기호 Hg는 '액체 은'이라는 뜻의 라틴어 단어 하이드라기움(hydrargyrum)에서 왔다.

과거에 수은이 다양한 분야에 사용되었던 이유는 다른 금속과 아말감을 형성하여 낮은 온도에서도 쉽게 사용할 수 있었기 때문이다. 따라서 배터리, 치아 충전재, 거울, 화장품, 형광등 등에 사용되었으나 수은의 독성이 워낙 위험해 점차 사용이 중지된 분야가 늘어났다. 화학 산업에서는 여전히 촉매로 쓰이며 유리 온도계에서 주로 고온 측정용으로 사용된다.

수은의 독성은 수 세기에 걸쳐 업무 환경에서의 노출이나 산업적 오염의 결과로 사람들에게 악영향을 미쳐왔다. 1865년에 출간된 <이상한 나라의 앨리스>에 나오는 '미친 모자 장수'는 루이스 캐럴이 그저 상상한 인물이 아니라 수은 증기를 들이마시며 신경계 장애를 겪어야 했던 수많은 섬유 산업 종사자에 뿌리를 둔 캐릭터였다.

모든 생물과 우리가 먹는 음식에도 수은이 소량 포함되어 있다. 우리가 수은에 노출되는 이유는 주로 생선을 먹을 때 그 속에 포함된 메틸수은을 함께 섭취하기 때문이다. 우리가 섭취하는 양은 그리 해로울 정도는 아니지만, 임산부라면 가능한 한 생선은 피하는 편이 좋다.

# Hg

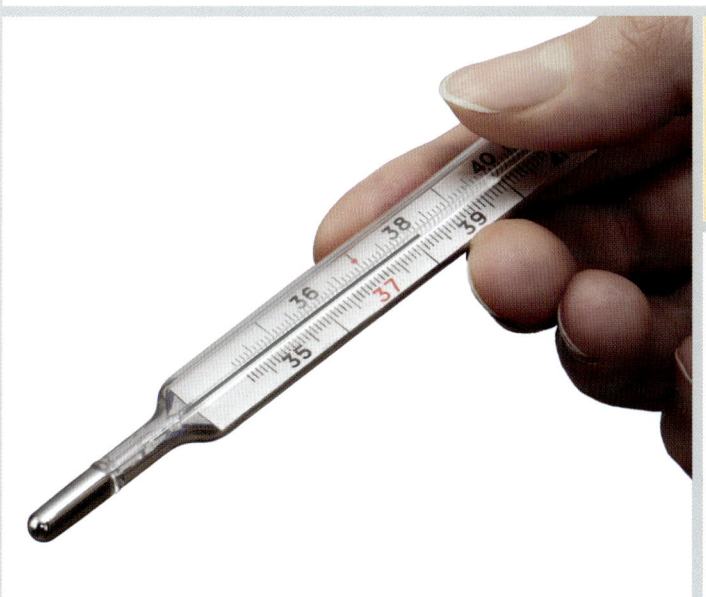

◀
디지털 온도계가 보편화되고 있으나 수은 온도계도 여전히 사용되고 있다. 전원이 필요하지 않다는 장점은 덤이다.

전이후 금속

# 탈륨 Thallium

발견 연도: 1861년      발견자: 윌리엄 크룩스

**81**

81
**Tl**
Thallium
204.38

원자번호: 81
족: 13족
주기: 6주기
블록: p블록
원자량: 204.38

녹는점: 304℃
끓는점: 1473℃
밀도: 11.85g/cm³ (상온 기준)
외관: 은백색 금속

▲ 탈륨 금속 막대가 대기에 노출되어 부식된 모습이다.

탈륨은 은백색의 전이후 금속으로 공기에 노출되면 색이 변한다. 탈륨은 밝은 녹색 스펙트럼을 방출했으므로 그리스어로 '잔가지' 또는 '녹색 싹'이라는 뜻의 탈로스(thallós)에서 이름을 따왔다. 탈륨은 1861년에 영국의 윌리엄 크룩스, 1862년에 프랑스의 클로드 오귀스트 라미가 각각 따로 발견했고, 두 사람 중 순수한 원소 표본을 먼저 제조한 사람은 라미였다.

탈륨의 양이온은 칼륨 이온과 거의 똑같아 독성이 매우 강하며, 칼륨 대신 인체에 흡수되면 신경계를 손상시켜 탈모, 메스꺼움, 변비, 심박 증가를 유발하고 나중에는 심정지를 초래하여 사망에 이르게 된다. 황산탈륨은 한때 쥐약으로 쉽게 구할 수 있고 검출도 거의 불가능했던 '독극물'이었다. 치사량이 체중 1kg당 15mg에 불과했다.

탈륨은 1961년에 출간된 애거사 크리스티의 추리소설 《창백한 말》에 살인 무기로 등장하는 등 소설에서 많이 활약해왔다. 놀랍게도 이 소설의 독자들이 탈륨 중독을 미리 알아차려 위험을 예방한 사례가 최소 두 건 있었다. 예컨대 1971년 런던 경찰청에 근무하던 의사가 이 책을 읽고 의문의 '증상'이 탈륨 중독임을 알아차린 덕분에 그레이엄 프레더릭 영이라는 연쇄살인범이 체포되었다.

탈륨은 이런 독성에도 불구하고 산업적으로 매우 중요한 용도가 있다. 탈륨과 수은을 섞으면 저온 측정용 온도계로 사용할 수 있다. 수은의 어는점은 -39℃지만 두 금속을 섞으면 측정 범위를 -60℃까지 낮출 수 있기 때문이다. 탈륨은 전자 산업, 유리 제조. 핵의학 등의 분야에도 사용된다.

◀
탈륨을 발견한 윌리엄 크룩스(1832~1919)는 최초로 진공관을 이용해 물리 현상을 연구했으며 크룩스관을 발명했다. 그는 전자 광선이 유리관의 표면에 형광을 발생시킨다는 사실을 발견했다.

전이후 금속

# 납 Lead

발견 시기: 고대

82

## 82 Pb
Lead
207.2

원자번호: 82
족: 14족
주기: 6주기
블록: p블록
원자량: 207.2

녹는점: 327.46°C
끓는점: 1749°C
밀도: 11.34g/cm³ (상온 기준)
외관: 무광 회색 금속

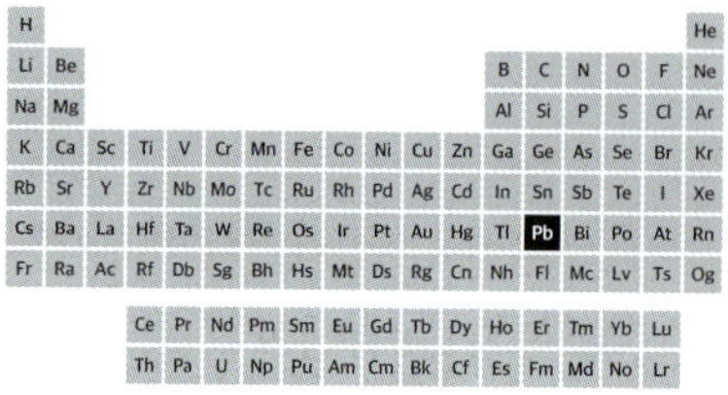

▲
사진에서 보이는 노란색 결정체는 황산연이라는 광물이며 화학식은 $PbSO_4$이다.

납은 부드럽고 잘 늘어나며 반짝이는 회색 금속이지만, 대기에 노출되면 곧바로 산화되어 표면이 무광으로 변한다. 납은 주기율표의 안정 원소 중 가장 마지막에 자리한다. 즉, 원자번호 83번부터의 모든 원소는 불안정하므로 시간이 지남에 따라 붕괴한다. 다시 말해 그들은 방사성 원소다.

납은 고대부터 알려졌으며 화학 기호 Pb는 이 원소의 라틴어 명칭인 플룸붐(plumbum)에서 왔다. 영어에는 이 라틴어 어원에서 파생한 '배관 작업(plumbing)', '배관공(plumber)', '다림줄(plumb line)' 같은 단어가 많은데, 이것만 봐도 납이 역사적으로 얼마나 중요한 존재였는지 알 수 있다.

납은 성형이 쉽고 내부식성이 강해 수 세기에 걸쳐 배관, 페인트, 도자기 유약 등으로 사용되었고, 18세기에는 베네치아 분이라는 화장품이 되기도 했다. 그러나 납의 독성은 인체의 모든 기관과 장기를 손상시킬 수 있을 정도로 위험했다. 따라서 납은 이 모든 용도에서 점차 밀려났고, 20세기 말에 이르면 휘발유의 노킹 방지제로 사용되던 역할조차 사라지기 시작했다. 2021년에 알제리를 마지막으로 휘발유에 납 사용이 완전히 금지되었다.

납 오염은 오늘날에도 여전히 심각한 문제이고, 납 중독은 특히 어린이의 두뇌 발달에 큰 영향을 미치며 전 세계 질병에서 차지하는 비중이 1%에 달한다고 추정된다. 그러나 납은 유해하지 않은 조건에서 지금도 일부 사용되고 있다. 예를 들면 자동차용 납축전지, 스쿠버다이빙용 웨이트벨트, 오르간 파이프, X선 촬영실에서 쓰이는 보호 장구 및 앞치마 등이다.

**Pb**

▲ 납은 고대부터 사용되었다. 납은 두드려 펼 수 있고 내부식성이 있어 스테인드글라스 창에 널리 사용되었다.

|전이후 금속|

# 비스무트 Bismuth

발견 연도: 1500년경

**83**

### 83
### Bi
Bismuth
208.98

원자번호: 83
족: 15족
주기: 6주기
블록: p블록
원자량: 208.98

녹는점: 271.5°C
끓는점: 1564°C
밀도: 9.78g/cm³(상온 기준)
외관: 은색 결정 금속

▲
자연계에 순수 비스무트는 거의 보이지 않지만, 합성 비스무트는 사진처럼 독특한 V자형 결정을 형성한다.

# Bi

비스무트는 고대로부터 잘 알려져 있던 잘 부서지는 은백색 금속이다. 비스무트라는 이름의 기원은 1665년경에 사용되었던 독일어 단어 비스무트(Wismuth)까지 거슬러 올라간다. 그 단어는 다시 바이세 마세(weisse masse), 즉 '하얀 덩어리'라는 말에서 온 것이다. 비스무트는 유사 이래 줄곧 안정 원소로 여겨졌지만, 2003년에 이르러 이 원소가 사실은 아주 약한 방사성을 띤다는 사실을 과학자들이 밝혀냈다. 비스무트의 원시 동위원소(지구가 형성되기 전부터 존재했던 동위원소)인 비스무트-209의 반감기는 무려 1,900경(!)년으로, 우주 나이의 10억 배가 넘는 시간이다.

비스무트는 납에 버금갈 정도로 밀도가 높고 녹는점은 낮다. 따라서 비스무트 합금은 독성 때문에 사용되지 않는 납의 대체제로 각광받고 있다. 예를 들면 낚싯줄의 추, 새 사냥용 탄환, X선 촬영과 납땜 작업에 사용하는 보호막 등이다. 비스무트 화합물의 용도는 놀랄 정도로 다양하다. 옥시염화비스무트는 화장품에 진주 빛깔의 광택을 내는 데 쓰인다. 삼산화비스무트는 불꽃놀이에서 왁자하게 터지는 소리로 잔치 같은 분위기를 한껏 돋운다. 그리고 이때 너무 흥에 겨운 나머지 설사, 메스꺼움, 소화불량 등의 증상을 겪은 사람들이 복용하는 소화제 펩토비스몰에는 비스무트 살리실산 성분이 들어 있다.

◀ 옥시염화비스무트(BiOCl)는 매니큐어와 여러 화장품에 진주처럼 반짝이는 아름다움을 더한다.

전이후 금속

# 폴로늄 Polonium

발견 연도: 1898년　　발견자: 마리 퀴리

## 84

### 84 Po
Polonium
[208.98]

원자번호: 84  
족: 16족  
주기: 6주기  
블록: p블록  
원자량: [208.98]  

녹는점: 254°C  
끓는점: 962°C  
밀도: 9.196g/cm³ (알파, 상온 기준),  
　　　9.398g/cm³ (베타, 상온 기준)  
외관: 은회색 준금속

▲ 일명 피치블렌드라는 섬우라늄석은 폴로늄을 비롯해 여러 원소가 발견된 원천이었다.

## Po

폴로늄은 방사성이 매우 강한 회색 금속이다. 폴로늄 동위원소는 모두 반감기가 짧아 지구상에서 가장 희소한 10대 원소에 포함된다.

폴로늄은 프랑스에서 마리 스클로도프스카 퀴리와 그녀의 남편 피에르 퀴리가 발견했다. 그들은 피치블렌드라는 우라늄 광석에서 우라늄과 토륨을 추출한 후, 이들 원소보다 남아 있는 물질의 방사성이 훨씬 더 강하다는 사실을 확인했다. 그들은 1898년 7월에 폴로늄을 찾아내고 5개월 후, 피치블렌드에서 또 다른 원소 라듐을 발견했다. 폴로늄은 마리 퀴리의 고국 폴란드에서 따온 이름이다. 당시 폴란드는 러시아, 독일, 오스트리아-헝가리 제국으로 나뉘어 있었다. 그녀의 의도는 조국 폴란드의 위상을 드높이기 위한 것이었으므로 폴로늄은 정치적 목적이 이름에 반영된 최초의 원소인 셈이다.

폴로늄은 방사성이 너무 강한 탓에 사용 분야가 제한되어 있다. 카메라 필름의 먼지를 제거하고 섬유 공장에서 정전기를 없애는 데 사용하는 정전기 방지 솔로 쓸 수 있지만, 이런 용도로는 폴로늄보다 더 안전한 베타 입자 발생 물질을 사용하는 경우가 많다. 그 외에 달 탐사선과 인공위성의 원자 열원으로 사용할 수도 있다.

안타깝게도 폴로늄은 방사성 독극물로 사용된 사례가 더 유명하다. 러시아 연방보안국(FSB) 요원 출신 알렉산더 리트비넨코가 영국으로 망명했다가 2006년에 암살당한 사건이 있다. 2006년 11월 리트비넨코가 쓰러져 런던의 한 병원에 입원했는데 알고 보니 그 전에 폴로늄-210에 중독되었던 것으로 밝혀졌고, 결국 그는 23일 후 사망했다. 2015년부터 2016년까지 실시된 한 조사에 따르면 이 사건의 배후에 블라디미르 푸틴의 묵인이 있었을 가능성도 있다고 한다.

◀ 마리 스클로도프스카 퀴리(1867~1934)는 최초의 여성 노벨상 수상자이자 최초의 노벨상 2회 수상자이다. 남편 피에르와 그녀가 이룬 업적은 나중에 퀴륨 원소에 이름을 남김으로써 높이 기려졌다.

전이후 금속

# 아스타틴 Astatine

발견 연도: 1940년    발견자: 데일 R. 코슨, 케네스 로스 맥켄지, 에밀리오 세그레

85

85
## At
Astatine
[209.99]

원자번호: 85
족: 17족
주기: 6주기
블록: p블록
원자량: [209.99]

녹는점: 300℃
끓는점: 350℃
밀도: 8.91~8.95g/cm³ (상온 기준, 추정치)
외관: 미상

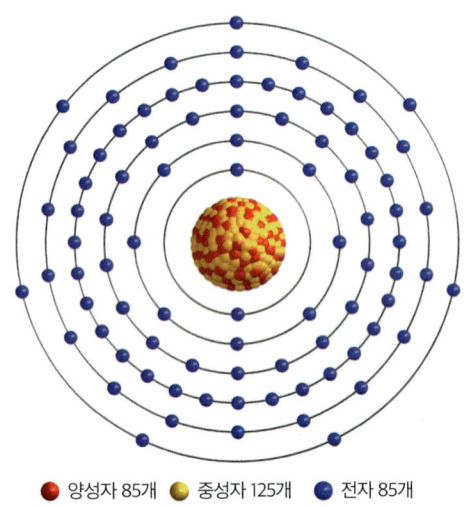

● 양성자 85개   ● 중성자 125개   ● 전자 85개

▲
아스타틴의 원자 구조를 보여주는 그림. 적색은 양성자, 황색은 중성자, 그리고 청색은 전자껍질을 나타낸다.

아스타틴은 드미트리 멘델레예프가 주기율표를 작성할 때 예측한 원소였지만 실제로 발견하기까지는 너무나 어려운 과정을 거쳤다. 자연계에서는 우라늄과 토륨이 붕괴하면서 극히 미량의 아스타틴이 생성되나, 지구상에 존재하는 총량은 고작 30g에도 못 미칠 것으로 추정된다.

아스타틴은 1940년에 캘리포니아대학교 버클리의 세 과학자 데일 R. 코슨, 케네스 로스 맥켄지, 에밀리오 세그레가 인공적인 방법을 써서 최초로 만들어냈다. 그들은 사이클로트론(입자 가속기)을 통해 비스무트-209 동위원소에 알파 입자(헬륨 핵)를 충돌하여 아스타틴-211과 두 개의 자유 중성자를 만들었다. 이후 그들은 1947년 <네이처>지를 통해 새로 발견한 이 원소의 이름을 발표했다. 아스타틴이라는 이름은 '불안정하다'라는 뜻의 그리스어 아스타토스(astatos)에서 딴 것이었다.

아스타틴의 동위원소는 모두 불안정하며, 그중 반감기가 가장 긴 것은 8.1시간의 아스타틴-210이다. 존재하지 않았던 기간이 너무 긴 데다 지금까지 생성된 아스타틴의 총량도 극히 적은 수준이므로 연구자들은 아스타틴의 원자량이나 밀도를 전혀 파악할 수 없었고, 앞으로도 정확한 값은 영영 모르게 될 수도 있다. 아스타틴은 눈에 보일 정도의 양이 존재한다면 할로겐족에서 차지하는 위치를 고려할 때 검은색 고체일 것으로 생각되지만, 이 원소는 너무 불안정하므로 그 정도의 표본은 자체 방사능열 때문에 즉시 기화되어버릴지도 모른다.

아스타틴은 너무 희소해서 어떤 용도로도 양이 충분하지 않으므로 산업적으로는 거의 의미가 없다. 또 생체에서 맡은 기능도 없지만 핵의학 분야에서는 활용 가능성에 관한 연구가 진행 중이다.

◀ 에밀리오 세그레(1905~1989)는 이탈리아계 미국인 물리학자로, 테크네튬과 아스타틴의 공동 발견자다.

비활성 기체

# 라돈 Radon

발견 연도: 1900년    발견자: 프리드리히 에른스트 도른

## 86

86
**Rn**
Radon
[222]

원자번호: 86
족: 18족
주기: 6주기
블록: p블록
원자량: [222]

녹는점: -71℃
끓는점: -61.7℃
밀도: 0.00973g/cm$^3$(상온 기준)
외관: 무색 기체

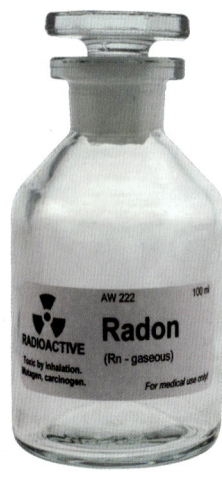

▲
비활성 기체 중 가장 무거운 라돈은 방사능이 매우 강해 장기간 노출되면 폐암을 유발한다.

# Rn

라돈은 무색, 무취, 무미의 기체로 주기율표의 비활성 기체 중에서 가장 무거운 원소다. 라돈은 붕괴 과정에서 이 원소를 방출하는 라듐에서 이름을 따왔고, 우라늄의 붕괴를 통해 자연계에 생성된다(이때 라듐도 함께 생성된다). 라돈은 1900년 독일 할레에서 프리드리히 에른스트 도른이 발견했고, 매우 낮은 온도에서 빛을 발하는 성질 때문에 1912년에 '빛나다'라는 뜻의 라틴어 단어 니텐스(nitens)로부터 니톤이라는 이름이 붙었다. 현재 원소명인 라돈은 1923년부터 공식적으로 사용되고 있다.

라돈은 화강암과 석회암 퇴적물에서 자연적으로 방출되며 광산 근로자에게 위험한 방사능 물질이다. 1530년에 스위스의 철학자 파라켈수스는 광부들에게 해로운 영향을 미치는 소모성 질환을 언급했고, 1879년 독일 연구진이 이 질병을 폐암으로 확인했다. 라돈은 이 원소가 풍부한 토지에 지은 주택의 지하실에서 위험 요소가 되기도 한다. 일일 방출량은 크지 않을지도 모르지만, 좁은 지하 공간에 축적되면 건강에 심각한 위험을 초래한다. 이런 문제를 예방하려면 라돈이 주거 공간으로 유입되지 않도록 환기 시스템을 갖추어야 한다.

라돈은 인체에서 맡은 역할은 없지만, 독소로서 비흡연자 폐암의 주요 원인으로 여겨진다. 과거에는 라돈이 강장제로 잘못 알려졌으며, 20세기 초에 일부 의사는 환자들에게 밀폐된 방에 들어가 라돈 기체를 호흡하면 건강에 좋다고 권장하기도 했다. 오늘날에도 라돈이 함유된 물을 마시고 목욕할 수 있는 온천 지대가 있다. 다행히 1999년 미국 국립연구위원회의 조사에 따르면 이런 지역에서 섭취하는 라돈 양의 위험은 거의 제로에 가깝다고 하므로 방문객들은 안심해도 될 것 같다.

▲
1999년의 한 연구에 따르면 아조레스산맥의 활화산 칼데라에 자리한 푸르네스 마을의 라돈 위험 수준은 마을 주민의 약 3분의 1에게 영향을 미칠 수 있는 정도라고 한다.

알칼리 금속

# 프랑슘 Francium

발견 연도: 1939년  발견자: 마르게리트 페레

87

### 87
### Fr
Francium
[223.02]

원자번호: 87
족: 1족
주기: 7주기
블록: s블록
원자량: [223.02]

녹는점: 27°C
끓는점: 677°C
밀도: 2.48g/cm³ (상온 기준, 추정치)
외관: 미확인, 연질 회색 금속으로 추정

▲ 이 섬우라늄석 표본은 체코공화국의 프르지브람에서 출토되었다. 섬우라늄석에는 프랑슘과 우라늄이 원자 개수 기준으로 1:10¹⁸의 비율로 포함되어 있다.

프랑슘은 아스타틴에 이어 지각에서 두 번째로 희소한 원소로, 지구상에 존재하는 총량은 어느 시점이든 30g이 채 되지 않는 것으로 알려져 있다. 프랑슘은 자연계에 존재하는 것이든 인공으로 합성된 것이든 모든 원소 중 가장 불안정한 물질이다. 프랑슘-223의 여러 동위원소 중에 반감기가 가장 긴 것이라고 해야 22분밖에 안 된다.

프랑슘은 1939년 파리에서 마르게리트 페레가 발견한 자연계에 존재하는 마지막 원소였다. 페레는 모든 원소 중 전기적으로 가장 강한 양성을 띤다고 해서 원소명을 '카티움(화학 기호 Ct)'으로 제안했으나 그녀의 학계 선임자인 이렌 졸리오퀴리(마리 퀴리 부부의 장녀이다-옮긴이)가 이를 기각했다. 그들이 대신 선택한 이름은 페레의 고국인 프랑스였다. 이전에 발견된 갈륨이 이미 같은 나라를 기린 이름이었음에도 말이다.

프랑슘은 주기율표 1족의 마지막 원소임을 생각하면 그중 반응성이 가장 클 것 같지만, 실제로는 그만큼 원자량이 커서 전자의 공전 속도가 너무 빠르고, 따라서 원자 중심에 가까우므로 오히려 반응성이 작아진다. 즉, 프랑슘은 1족 바로 윗자리의 세슘보다 반응성이 작을 것이다. 그러나 프랑슘은 너무나 희소한 원소이므로 이 사실을 실험으로 확인할 가능성은 극히 희박하다. 프랑슘도 아스타틴처럼 이런 희소성 때문에 과학 연구 외에 산업적 용도는 전혀 없다.

◀ 프랑슘을 처음 발견한 마르게리트 페레(1909~1975)는 마리 퀴리의 제자이며, 여성으로는 최초로 프랑스 과학 아카데미 회원으로 선출되었다.

[알칼리 토금속]

# 라듐 Radium

발견 연도: 1898년    발견자: 마리 퀴리, 피에르 퀴리

**88**

## 88 Ra
Radium
[226.03]

원자번호: 88
족: 2족
주기: 7주기
블록: s블록
원자량: [226.03]

녹는점: 700℃ 또는 960℃
끓는점: 1737℃
밀도: 5.5g/cm³ (상온 기준)
외관: 은백색 금속

▲ 마리 퀴리와 피에르 퀴리 부부는 다른 여러 방사성 원소들처럼 라듐도 섬우라늄석에서 추출하여 발견했다.

# Ra

라듐은 방사능이 매우 강한 은백색 금속이며 대기에 노출되면 곧바로 검은색의 산화 피막이 형성된다. 라듐의 동위원소는 모두 방사성을 띠며, 그중 가장 안정적인 동위원소는 반감기가 1,600년인 라듐-226이다.

라듐은 1898년 12월에 마리 퀴리와 피에르 퀴리 부부가 피치블렌드, 즉 우라늄광 표본에서 추출하여 발견했다. 그들은 그 전에 이 표본에서 우라늄을 추출했는데, 그 뒤에도 남은 물질에서 여전히 방사능이 검출된다는 사실을 알았다. 7월에는 같은 표본에서 새로운 원소인 폴로늄을 분리했고, 12월에는 한 화합물에서 또 다른 원소를 새롭게 발견했다. 그들은 이 원소가 가시광선을 방출하는 것을 보고 '빛'이 라틴어로 라디우스(radius)임에 착안하여 라듐이라는 이름을 붙였다. 이 연구가 진행되던 당시에는 방사능의 위험이 충분히 알려지지 않았으므로 마리 퀴리 자신도 안전 범위를 훨씬 넘어서는 방사선에 노출되고 말았다. 1934년에 그녀가 사망한 원인은 무력성 빈혈이었는데, 역시 방사선에 오랫동안 노출된 결과로 추정된다. 그녀가 사용하던 실험 노트는 지금도 여전히 방사성을 띠므로 납 상자에 보관되어 있다.

라듐은 그 위험성이 알려지기 전까지 치약, 초콜릿 등 다양한 분야에 상용화되었다. 손목시계 바늘과 숫자판의 야광 도포제로도 널리 사용되었는데, 이 작업을 하던 여성들은 혀로 붓 끝에 침을 발라 미세한 선을 그리곤 했으므로 빈혈과 골수암을 앓는 경우가 많았다. 그들은 산업 재해 보상을 받기까지 오랜 법적 분쟁을 겪어야 했다. 오늘날 방사선의 상업적 용도는 핵의학뿐이다.

▲ 1932년에 촬영된 사진. 1g짜리 라듐 시험관을 손에 든 실험 조수가 납으로 된 방사능 차폐판 뒤에 몸을 숨긴 채 작업하고 있다.

악티늄족 원소

# 악티늄 Actinium

발견 연도: 1899년    발견자: 앙드레 루이 데비에른

**89**

## Ac
Actinium
[227]

원자번호: 89
족: 악티늄족
주기: 7주기
블록: f블록
원자량: [227]

녹는점: 1227°C(추정치)
끓는점: 3200±300°C(외삽값)
밀도: 10g/cm$^3$(상온 기준)
외관: 연질 은백색 금속

▲ 의료용 악티늄-225 방사성 동위원소가 v-바이알 약병에 담겨 있다. 알파 입자가 주변 공기를 이온화함에 따라 푸른색으로 빛나고 있다.

악티늄은 은백색의 금속으로, 방사능을 방출하며 푸른빛을 낸다. 대기에 노출되면 곧바로 산화 피막을 형성하여 추가 산화를 멈춘다. 동위원소는 모두 방사성이며, 그중 가장 안정적인 동위원소의 반감기는 약 22년이다. 1899년 앙드레 루이 데비에른이 마리 퀴리와 피에르 퀴리 부부가 피치블렌드 표본에서 라듐을 추출하고 남은 잔류 물질을 조사하다가 발견했다. 이 원소가 발견되는 데는 독일의 화학자 프리드리히 오스카 기젤의 공헌도 중요한 역할을 했지만, 데비에른이 명명한 악티늄이 공식적인 원소명으로 인정되었다. 그는 그리스어로 '빛' 또는 '다발'이라는 뜻인 악티노스(aktinos)에서 이름을 땄다.

악티늄은 주기율표 하단 란탄족 바로 아래에 가장 잘 어울리는 악티늄족의 첫 번째 원소다. 이 두 족을 원래 자리에 배치하면 표가 좌우로 너무 늘어나 어색해지므로 아래쪽에 별도로 칸을 마련하는 경우가 많다. 둘 사이의 가장 큰 차이는 란탄족 원소는 다들 너무 비슷해 구분하기 어려운 반면, 악티늄족 원소는 모두 뚜렷하게 구분되는 특징이 있다는 점이다.

악티늄은 희소한 원소이므로 상업적 용도가 많지는 않다. 중성자가 필요한 실험이나 토양 내 수분을 측정하는 중성자 탐침으로 사용된다. 악티늄-225 동위원소는 방사선 암 치료제로 사용될 가능성을 연구 중이다.

# Ac

◀
프리드리히 오스카 기젤(1852~1927)은 원자번호 89번 원소를 최초로 분리한 후 에미늄이라는 이름을 붙였다. 같은 원소를 앙드레 루이 데비에른은 악티늄이라고 했다.

악티늄족 원소

# 토륨 Thorium

발견 연도: 1829년    발견자: 옌스 야코브 베르셀리우스

90

## 90 Th
Thorium
232.038

원자번호: 90
족: 악티늄족
주기: 7주기
블록: f블록
원자량: 232.038

녹는점: 1750°C
끓는점: 4788°C
밀도: 11.7g/cm³(상온 기준)
외관: 은색 금속

▲
모나자이트 광물은 토륨의 가장 중요한 생산 원료다.

악티늄족의 두 번째 원소인 토륨은 약한 방사성이 있는 은색 금속이며 이산화토륨 피막이 형성되면 올리브색으로 변한다. 비교적 부드러워 단조 가공이 가능하며, 특이하게도 대기 중에서 자연 발화하는 특성이 있다.

토륨은 악티늄 원소 중 가장 흔한 물질로, 우라늄보다 세 배나 더 많다. 지각 매장량은 대략 납과 비슷하다. 1829년 스웨덴의 화학자 옌스 야코브 베르셀리우스가 발견했다. 그는 한 해 전 노르웨이의 로뵈야 섬에서 모르텐 트레인 에스마크라는 신부가 발견한 특이한 검은색 광물 표본을 전달받아 조사한 후 이것이 새로운 원소임을 확인했다. 그리고 노르웨이 신화에 나오는 천둥의 신 토르의 이름을 원소명으로 정했다.

토륨은 방사성이 알려지기 전까지 세라믹, 탄소 아크등, 산업 촉매 등 다양한 산업 분야에 사용되었다. 이산화토륨은 가열하면 빛이 나므로 밤거리를 밝히는 가스등의 덮개로 사용되었다. 사실은 지금도 캠핑용 램프에는 토륨이 사용되고 있다. 유리 덮개가 인체 보호용으로 충분히 쓸 만하기 때문이다. 산화토륨은 모든 산화물 중에 녹는점이 가장 높아서 도가니의 소재로 쓰인다. 토륨은 장차 우라늄을 대체하는 원자로 연료가 될지도 모른다.

▲ 토륨 원자로를 갖춘 원자력 발전소가 여러 곳에 건설되었다. 사진은 그중 하나인 독일 함시의 함-우엔트롭 원전 지구다.

악티늄족 원소

# 프로트악티늄 Protactinium

발견 연도: 1913년  발견자: 카지미에시 파얀스(미국), 오스발트 괴링(독일)

**91**

## 91 Pa
Protactinium
231.036

- 원자번호: 91
- 족: 악티늄족
- 주기: 7주기
- 블록: f블록
- 원자량: 231.036
- 녹는점: 1568℃
- 끓는점: 4027℃
- 밀도: 15.37g/cm³(상온 기준)
- 외관: 은색 금속

▲ 인동우라늄석에는 프로트악티늄 원자가 몇 개쯤 들어 있을 것이다. 워낙 미량 원소라 순수 프로트악티늄을 촬영하기는 어렵다.

프로트악티늄은 광택이 나는 은회색의 고밀도 방사성 금속이다. 1913년 독일 칼스루에에서 폴란드계 미국인 화학자 카지미에시 파얀스와 그의 독일인 동료 오스발트 괴링이 발견했다. 두 사람은 그들이 연구하던 동위원소 프로트악티움-234m의 반감기가 짧았으므로 이 원소를 '브레븀(영어에서 brevi는 짧다는 뜻의 접두사다-옮긴이)'이라고 불렀다.

1917~1918년, 오스트리아 출신의 스웨덴 물리학자 리제 마이트너는 반감기가 3만 2,760년에 달하는 더욱 안정적인 동위원소 프로트악티늄-231을 발견했다. 이 동위원소는 지금까지 발견된 29개의 동위원소 중 가장 안정적이며 지구상에 존재하는 프로트악티늄의 대부분을 차지한다. 마이트너와 그녀의 동료 오토 한은 이 원소가 방사성 붕괴를 거쳐 89번 원소인 악티늄으로 변한다는 사실에 주목하여 '프로토악티늄(proto-actinium, 악티늄의 선행 원소라는 뜻-옮긴이)'이라는 이름을 제안했다. 1949년에 IUPAC는 좀 더 간결하게 변경된 '프로트악티늄(protactinium)'을 공식 원소명으로 정했다.

프로트악티늄은 응용 분야가 많지 않으며 눈에 띄는 특성도 별로 없다. 그런 탓에 <네이처>지 2019년호에 가장 지루한 원소로 거의 이름을 올릴 뻔한 적도 있었다. 그러나 과학 연구에서는 최대 17만 5,000년 전 퇴적물의 방사성 연대를 측정하는 데 사용된다. 과학자들은 프로트악티늄-231과 토륨-230의 비율을 측정하여 표본의 나이를 계산한다. 프로트악티늄은 독성이 있고 방사능이 강하지만, 놀랍게도 일반 가정에도 미량이 존재할 수 있다. 가정용 연기 감지기의 기본 소재인 아메리슘-241이 시간이 지남에 따라 넵투늄-237과 프로트악티늄-233의 순서로 붕괴하기 때문이다.

▲
프로트악티늄은 1913년이 되어서야 카지미에시 파얀스(사진)와 오스발트 괴링이 새로운 원소로 확인했다.

**악티늄족 원소**

# 우라늄 Uranium

발견 연도: 1789년　　발견자: 마르틴 하인리히 클라프로트

92

| | |
|---|---|
| 92 **U** Uranium 238.0289 | 원자번호: 92　　녹는점: 1132.2°C<br>족: **악티늄족**　　끓는점: 4131°C<br>주기: **7주기**　　밀도: 19.1g/cm³ (상온 기준)<br>블록: **f블록**　　외관: **은색 금속**<br>원자량: 238.0289 |

▲ 사진의 인회우라늄석은 1852년에 발견된 것으로, 우라늄 함량이 48.27%이며 자외선 램프에 비추면 녹색으로 빛난다.

# U

우라늄은 악티늄 계열의 은회색 금속으로, 지구상에 천연으로 존재하는 원소 중에서 가장 무거운 물질이다. 지금까지 알려진 28개의 동위원소 중 2개는 자연 발생하며, 28개 중에서 99%의 비중을 차지하는 것은 반감기가 44억 7,000만 년인 우라늄-238이다. 나머지 대부분을 반감기가 7억 400만 년인 우라늄-235가 차지한다. 우라늄-235는 자연에 존재하는 유일한 핵분열 물질이라는 점에서 독특하다. 다시 말해 우라늄-235는 핵연쇄반응을 지속할 수 있다.

우라늄의 발견자는 독일 화학자 마르틴 하인리히 클라프로트로 알려져 있다. 1789년에 클라프로트는 피치블렌드를 질산에 녹인 후 생성된 노란색 화합물을 숯으로 가열하여 검은색 분말을 만들었다. 당시 그는 이 물질을 순수 우라늄이라고 생각했지만, 사실 이것은 산화우라늄이었다. 그는 새 원소의 이름을 1781년에 발견된 행성인 천왕성(Uranus)에서 따왔다. 1841년에 외젠 펠리고트는 순수 우라늄 금속 표본을 분리하는 데 성공했고, 1896년 앙리 베크렐은 사진 건판 위에 우라늄 금속 표본을 올려둔 다음 건판이 흐려지는 것을 보고 우라늄이 방사성 물질임을 확인했다.

우라늄의 가장 중요한 용도는 역시 원자력 발전 연료로, 같은 무게의 석탄에 비해 150만 배에 달하는 에너지를 생산한다. 너무나 슬프게도 우라늄은 1945년 8월 6일 히로시마 상공에서 폭발한 원자폭탄에도 사용되었다. 64kg의 농축 우라늄이 들어 있던 이 폭탄은 약 7만 명에서 12만 6,000명의 민간인이 사망하는 원인이 되었다. 오늘날에는 납에 비해 밀도가 68.4% 더 높은 감손 우라늄이 장갑 관통 무기와 장갑판으로 사용된다.

▲ 나미비아의 뢰싱 우라늄 광산은 1976년부터 운영되어온 세계 최대의 우라늄 노천 광산이다.

악티늄족 원소

# 넵투늄 Neptunium

## 93

발견 연도: 1940년  발견자: 에드윈 맥밀런, 필립 H. 아벨슨

### 93
### Np
Neptunium
[237]

원자번호: 93
족: 악티늄족
주기: 7주기
블록: f블록
원자량: [237]

녹는점: 639±3°C
끓는점: 4174°C(외삽값)
밀도: 20.45g/cm³(알파, 상온 기준)
외관: 은색 금속

▲
우라늄이 풍부한 섬우라늄석에 미량의 넵투늄-237과 넵투늄-239가 존재할 수 있다.

넵투늄은 은색 금속이며 대기에 노출되면 색이 변한다. 녹는점은 약 640℃이고, 끓는점은 계산상으로는 4,174℃지만 실제로 확인되지는 않았다. 결과적으로 이 금속은 갈륨을 제치고 액체 상태로 존재하는 온도 범위가 가장 큰 원소라는 타이틀을 획득했다. 넵투늄도 토륨처럼 미세 분말 상태로 대기에 노출되면 자연 발화한다.

넵투늄은 자연계에 존재하는 두 개의 초우라늄 원소(92번 우라늄보다 더 무거운 원소) 중 하나이며, 또 다른 하나는 94번 플루토늄이다. 이 두 원소는 미량만 존재한다. 1940년 캘리포니아대학교 버클리 방사선 연구소에서 에드윈 맥밀런과 필립 아벨슨이 발견했다. 그들은 1.52m 사이클로트론 안에서 우라늄-238 원자와 중성자를 충돌시켜 반감기가 2.3일인 넵투늄-239 동위원소가 생성되었음을 입증했다. 원소명은 주기율표상 우라늄 바로 옆의 원소라는 뜻에서 천왕성(Uranus)에서 가장 가까운 행성인 해왕성(Neptune)의 이름을 사용한 것이다.

넵투늄의 산업적 용도는 거의 없지만, 이론적으로 원자로 연료나 무기 등으로 사용할 수 있다. 1963년 핵실험 부분 금지 조약이 수립되기 전까지 핵실험을 통해 약 2,500kg의 넵투늄이 대기에 방출되었고, 이것이 현재 지구 환경에 존재하는 넵투늄의 대부분을 차지한다. 프로트악티늄과 마찬가지로 가정용 연기 감지기에서 아메리슘-241의 방사성 붕괴를 통해 미량의 넵투늄이 가정에서 생성된다.

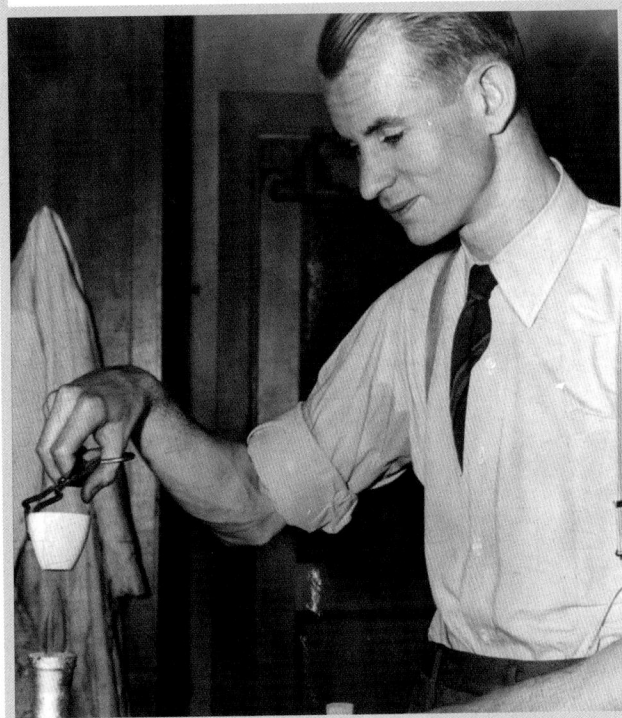

◀ 에드윈 맥밀런(1907~1991)은 미국의 물리학자이다. 넵투늄을 발견한 공로로 1951년 글렌 시보그와 노벨 화학상을 공동 수상했다.

악티늄족 원소

# 플루토늄 Plutonium

## 94

발견 연도: 1940~1941년    발견자: 글렌 T. 시보그, 아서 찰스 월, 조셉 W. 케네디, 에드윈 맥밀런

| 94 Pu Plutonium [244] | 원자번호: 94<br>족: 악티늄족<br>주기: 7주기<br>블록: f블록<br>원자량: [244] | 녹는점: 639.4℃<br>끓는점: 3228℃<br>밀도: 19.85g/cm³ (상온 기준)<br>외관: 은백색 금속 |

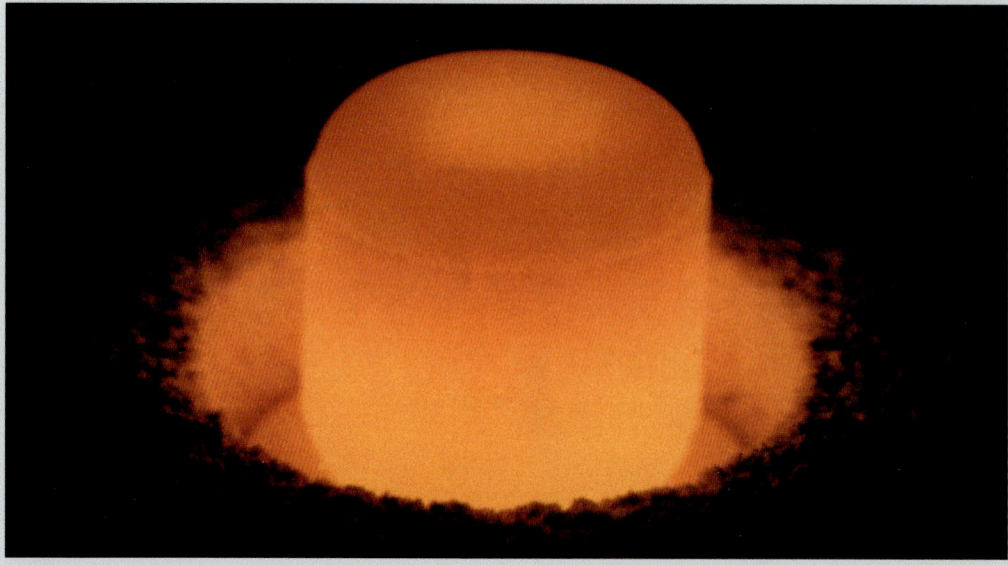

▲
자체 발광하는 플루토늄-238 알갱이는 우주 탐사 로켓, 인공위성, 아폴로 우주비행사들이 달에 남긴 과학 장비 등의 동력원으로 사용된다.

플루토늄은 악티늄 계열의 방사성 은백색 금속으로, 대기에 노출되면 둔탁한 회색의 산화 피막을 형성한다. 1940년 12월 캘리포니아 버클리의 한 연구팀이 사이클로트론에서 우라늄-238 원자에 중양자(중수소 원자의 핵으로, 핵 하나당 양성자 1개와 중성자 1개가 포함되어 있다)를 충돌하여 처음 만들었다. 이 과정을 통해 넵투늄-238 원자가 생성된 후 플루토늄-238로 붕괴했다.

새로운 94번 원소의 발견은 1948년까지 전시 기밀로 유지되었다. 우라늄과 넵투늄 다음에 오는 원소인 플루토늄은 당시만 해도 행성으로 분류되던 명왕성(Pluto)에서 이름을 따왔다(이후 2006년 국제천문연맹에 의해 명왕성은 왜행성으로 강등되었다).

플루토늄은 자연계에 존재하는 가장 무거운 원소로, 자연에 매장된 우라늄-238이 다른 우라늄-238 원자의 붕괴로 방출된 중성자를 포획하는 과정에서 발생한다. 플루토늄-244 동위원소의 반감기가 8,080만 년이므로 이론상 45억 년 전 지구가 형성될 당시 존재했던 미량의 동위원소도 찾아낼 수 있다는 말이지만, 지금까지 검출된 원소는 없다.

1945년 8월 9일 나가사키 상공에서 폭발한 원자폭탄에 플루토늄이 사용되었다. 이 폭탄에 포함된 플루토늄 6.4kg은 TNT 20킬로톤 분량의 폭발 에너지를 방출했고, 그 결과 6만 명에서 8만 명 정도가 사망했다. 플루토늄은 오늘날에도 여전히 핵무기에 사용되고 있다. 플루토늄의 또 다른 용도는 우주 탐사 로켓, 화성 탐사 로봇 등의 열원 및 동력원이다.

**Pu**

◀
한 예술가가 그린 명왕성의 상상도. 플루토늄이라는 이름의 원천이 된 왜행성이다..

악티늄족 원소

# 아메리슘 Americium

95

발견 연도: 1944년    발견자: 글렌 T. 시보그, 랄프 A. 제임스, 레온 O. 모건, 앨버트 기오소

95

Americium
[243]

원자번호: 95  녹는점: 1176°C
족: 악티늄족  끓는점: 2607°C(계산 수치)
주기: 7주기  밀도: 12g/cm³(상온 기준)
블록: f블록  외관: 연질 은백색 금속
원자량: [243]

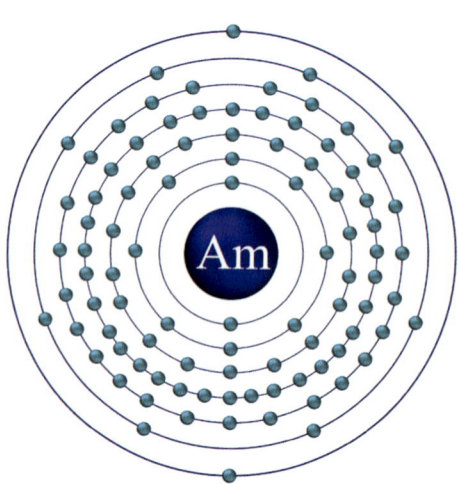

▲
아메리슘-243의 원자 구조를 보여주는 그림. 95개의 양성자와 148개의 중성자로 이루어진 원자핵을 중심으로 95개의 전자가 공전 궤도를 형성한다.

아메리슘은 악티늄 계열의 연질 은백색 금속으로, 대기에 노출되면 서서히 색이 변한다. 방사성 물질이며 동위원소 약 19개 외에 핵이성체가 11개 존재한다. 1944년 글렌 T. 시보그가 이끄는 맨해튼 프로젝트를 통해 처음 생산되었고, 발견 사실은 1945년 11월까지 기밀로 유지되었다. 원소명은 미국이라는 국가명에서 온 것처럼 보이지만, 사실은 주기율표 f블록의 유로퓸 바로 아래에 자리한다는 의미에서 아메리카 대륙 전체를 가리키는 것이다.

아메리슘은 모든 방사성 원소가 그렇듯이 인체에 위험을 초래하므로 대단히 주의하여 다루어야 한다. 그러나 놀랍게도 아메리슘은 수백만에 달하는 가정과 건물에서 생명을 구하는 역할을 한다. 아메리슘-241은 연기 감지기에서 연기에 반응하는 활성 물질로 활약한다. 조그마한 아메리슘 호일 조각에서 나오는 방사선이 두 금속판 사이의 전자를 이온화하면 금속판 사이로 전류가 발생한다. 이렇게 이온화된 격실에 연기 입자가 들어가면 전류가 차단되어 감지 경보가 울린다. 이런 감지기는 광학 연기 감지기에 잡히지 않는 연기 입자까지 식별할 수 있으며, 사용 시 방출되는 방사선량은 자연 방사선보다 대체로 낮은 수준이다. 사람이 연기 감지기의 밀폐된 격실을 열고 아메리슘을 마시거나 흡수하더라도 여전히 자연 방사선과 같은 수준에 노출될 뿐이지만, 별로 권장할 일은 아니다.

◀ 아메리슘은 매우 희소한 물질이나, 가정용 연기 감지기에 미량 사용되므로 우리 생명을 언제나 지켜 주는 셈이다.

악티늄족 원소

# 퀴륨 Curium

**96**

발견 연도: 1944년  발견자: 글렌 T. 시보그, 랄프 A. 제임스, 앨버트 기오소

96
## Cm
Curium
[247]

원자번호: 96
족: 악티늄족
주기: 7주기
블록: f블록
원자량: [247]

녹는점: 1340°C
끓는점: 3110°C(계산 수치)
밀도: 13.51g/cm³(상온 기준)
외관: 은색 금속

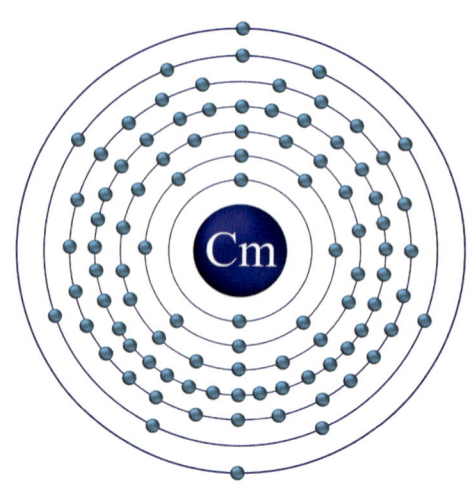

▲
퀴륨-247의 원자 구조. 96개의 양성자와 151개의 중성자로 이루어진 원자핵을 중심으로 96개의 전자가 공전 궤도를 돌고 있다.

퀴륨은 악티늄 계열의 은색 금속으로 경도와 밀도가 높고 방사성이 매우 강해 보라색 빛을 낸다. 1944년 글렌 T. 시보그, 랄프 A. 제임스, 앨버트 기오소가 캘리포니아 버클리에서 사이클로트론에서 플루토늄-239와 알파 입자를 충돌하여 처음 생산했다. 그 표본을 시카고대학교 연구원들이 화학적으로 분석하여 원자번호 96번의 새로운 원소를 확인했다.

퀴륨이라는 원소명은 마리 퀴리와 피에르 퀴리 부부의 라듐 발견 및 방사능 연구에 관한 공로를 기리는 의미로 그들의 이름에서 따온 것이다. 이런 결정은 란탄족 원소 유로퓸과 악티늄족 원소 아메리슘에서 결정된 패턴을 이어간 측면도 있었다. 주기율표에서 퀴륨은 란탄족 원소인 가돌리늄의 바로 아래에 있기 때문이다. 가돌리늄 역시 퀴륨처럼 핀란드의 화학자이자 물리학자, 광물학자인 요한 가돌린의 이름을 따왔다. 퀴륨의 발견은 이전의 관례를 깨고 1945년 11월, 미국 화학학회 정례회의에서 공식 발표되기 닷새 전에 <퀴즈 키즈>라는 어린이 라디오 프로그램에서 처음 발표되었다.

퀴륨은 약 19개의 동위원소와 7개의 핵이성체를 거느린 것으로 알려졌으며, 그중에서 안정 원소는 하나도 없다. 퀴륨-247의 반감기는 그중에서 가장 긴 1,560만 년이다. 가장 많이 사용되는 동위원소는 반감기가 162.8일인 퀴륨-242와 18.1년인 퀴륨-244이다. 퀴륨-244는 우주 탐사선 X선 분광기의 알파 입자 공급원으로 사용된다. 또 우주선 방사성 동위원소 열전 발전기의 동력원으로 사용할 수 있는지에 관한 연구가 진행 중이다.

Cm

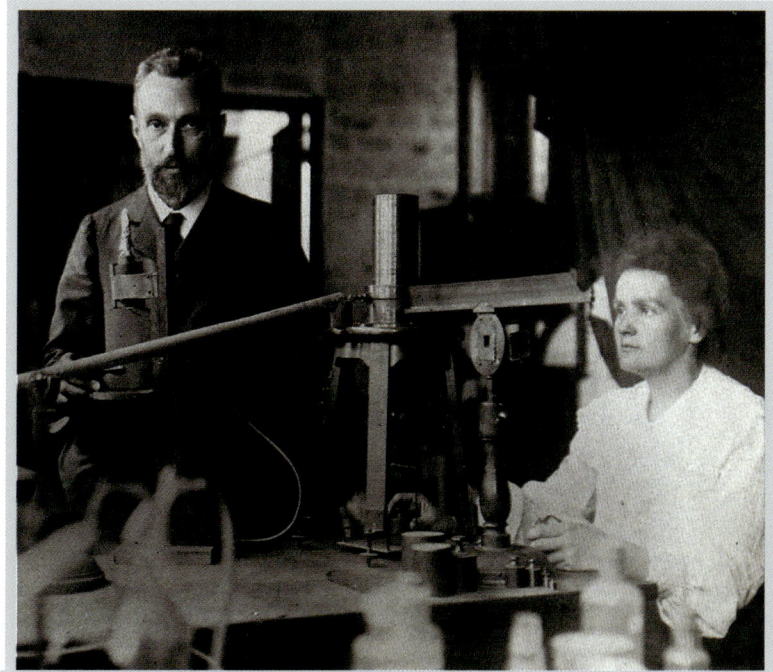

◀
피에르 퀴리(1859~1906)와 마리 퀴리(1867~1934)는 방사능, 결정학 및 자기학 분야의 선구자였다. 그들의 업적은 1944년에 발견된 퀴륨에 자신들의 이름이 실림으로써 인정받았다.

## 버클륨 Berkelium

악티늄족 원소

**Bk**

발견 연도: 1949년
발견자: 글렌 T. 시보그, 앨버트 기오소, 스탠리 G. 톰슨, 케네스 스트리트 주니어

**97**

### 97 Bk
Berkelium
[247]

- 원자번호: 97
- 족: 악티늄족
- 주기: 7주기
- 블록: f블록
- 원자량: [247]
- 녹는점: 986°C(베타)
- 끓는점: 2627°C(베타)
- 밀도: 14.78g/cm³(알파, 상온 기준), 13.25g/cm³(베타, 상온 기준)
- 외관: 연질 은백색 금속

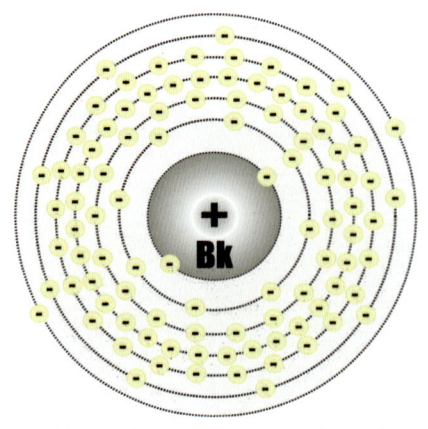

▲ 버클륨의 원자 구조. 질량과 에너지 준위를 가지고 있다.

버클륨은 1949년 12월 로렌스 버클리 국립 연구소의 글렌 T. 시보그 연구팀이 처음 발견한 후 캘리포니아 버클리시에서 원소명을 따왔다. 버클륨은 152cm 사이클로트론에서 몇 시간 동안 아메리슘-241에 헬륨 원자핵을 충돌하여 생산했다.

1967년 이후 미국에서 생산된 버클륨의 총량은 1g이 조금 넘는 정도다. 버클륨은 방사능이 강해 인체 건강에 매우 위험할 수도 있지만, 생산된 양이 워낙 미미해 사실상 위험은 거의 없다.

버클륨에는 몇 가지 동위원소가 있는 것으로 알려졌고, 모두 방사성 물질이다. 버클륨-247의 반감기는 1,380년으로 가장 길며, 그다음은 버클륨-248(300년 이상)과 버클륨-249(330일) 순이다.

[악티늄족 원소]

# 캘리포늄 Californium

발견 연도: 1950년
발견자: 글렌 T. 시보그, 앨버트 기오소, 스탠리 G. 톰슨, 케네스 스트리트 주니어

## 98 Cf

Californium
[251]

- 원자번호: 98
- 족: 악티늄족
- 주기: 7주기
- 블록: f블록
- 원자량: [251]
- 녹는점: 900°C
- 끓는점: 1470°C(추정치)
- 밀도: 15.1g/cm³ (상온 기준)
- 외관: 연질 은백색 금속

캘리포늄이라는 이름은 로렌스 버클리 국립연구소가 자리한 미국 캘리포니아주에서 따온 것으로, 퀴륨-242에 헬륨-4 이온을 충돌하여 만든 원소다. 연구진은 새로운 원소를 생산하는 데 필요한 퀴륨을 만들기까지 3년이 필요했지만, 이렇게 해서 만들어진 캘리포늄-245 동위원소의 반감기는 44분에 불과했다.

캘리포늄은 방사성이 매우 강해 음식이나 음료를 통해 흡입하거나 흡수되면 인체에 매우 해롭다. 그럼에도 의료 분야에 사용되고 있는데, 자궁경부암이나 뇌암에 미량 원소를 직접 투여하여 치료 효과를 입증했다. 그 외에 원자로 및 휴대용 금속 탐지기의 중성자 공급원으로 사용하는 등 다양한 산업 분야에 쓰임새가 있다.

▲
캘리포늄-252는 강력한 중성자를 방출하므로 일부 특수 목적에 사용된다. 이 원소 1μg은 1분당 1억 3,900만 개의 중성자를 방출한다.

# 아인슈타이늄 Einsteinium

**악티늄족 원소**

**99**

발견 연도: 1952년   발견자: 로렌스 버클리 국립연구소의 앨버트 기오소 연구팀

## 99 Es
Einsteinium
[252]

- 원자번호: **99**
- 족: **악티늄족**
- 주기: **7주기**
- 블록: **f블록**
- 원자량: **[252]**
- 녹는점: **860°C**
- 끓는점: **996°C(추정치)**
- 밀도: **8.84g/cm³**(상온 기준)
- 외관: **연질 은색 금속**

▲ 아인슈타이늄은 역사상 가장 영향력 있는 과학자인 앨버트 아인슈타인(1879~1955)의 이름을 딴 원소다. 그는 상대성 이론을 개발하여 양자역학의 발전에 공헌한 것으로 유명하다.

아인슈타이늄은 방사성이 강한 연질의 은색 금속이다. 일반 상대성 이론을 개발하고 광전 효과 법칙을 발견한 공로로 1921년에 노벨 물리학상을 받은 저명한 이론물리학자 앨버트 아인슈타인의 이름에서 원소명을 따왔다.

아인슈타이늄은 1952년 태평양의 에네웨타크 환초에서 최초의 수소폭탄 실험이 진행된 후 그 잔해에서 발견되었다. 이 실험은 미국 정부가 '아이비 마이크(Ivy Mike)'라는 암호명으로 진행한 프로젝트였다. 히로시마에 떨어진 원자폭탄의 700배에 달하는 에너지가 방출되어 엘루겔라브라는 작은 섬 하나가 완전히 파괴되었다.

이 실험에 관련된 모든 사항이 철저한 기밀로 지켜졌으므로 이 발견은 1955년에야 공개되었고, 1961년이 되어서야 눈으로 볼 수 있을 만큼의 원소가 만들어졌다. 오늘날에도 연간 생성량은 약 1mg에 불과하다.

악티늄족 원소

# 페르뮴 Fermium

발견 연도: 1952년  발견자: 로렌스 버클리 국립연구소의 앨버트 기오소 연구팀

100
**Fm**
Fermium
[257]

원자번호: 100
족: **악티늄족**
주기: **7주기**
블록: **f블록**
원자량: **[257]**

녹는점: **500℃(예측치)**
끓는점: **미상**
밀도: **9.71g/cm³**(상온 기준, 예측치)
외관: **미상**

페르뮴은 1938년에 방사능을 연구한 공로로 노벨 물리학상을 받은 이탈리아계 미국인 물리학자 엔리코 페르미의 이름을 딴 원소다. 페르뮴은 지구상에서 가장 무거운 원소로 그보다 가벼운 원소에 중성자를 충돌하여 생산할 수 있다. 아인슈타이늄과 함께 아이비 마이크 수소폭탄 실험의 잔해에서 발견되었다.

원자번호 100번 이후의 모든 원소를 페르뮴 이후의 원소라는 뜻으로 '트랜스페르뮴' 원소라고 한다. 이들은 모두 방사성이 강하며, 따라서 지구상에 천연 상태로는 존재하지 않는다. 그렇다고 해서 지구에 존재하지 않았다는 것은 아니다. 너무 불안정해서 이미 오래전에 붕괴했다는 뜻이다.

▲
1952년 아이비 마이크 수소폭탄 실험을 통해 아인슈타이늄과 페르뮴이라는 두 가지 새로운 원소가 발견되었다.

Md

악티늄족 원소

# 멘델레븀 Mendelevium

101

발견 연도: 1955년   발견자: 로렌스 버클리 국립연구소의 앨버트 기오소 연구팀

### 101 Md Mendelevium [258]

- 원자번호: 101
- 족: 악티늄족
- 주기: 7주기
- 블록: f블록
- 원자량: [258]
- 녹는점: 800°C(예측치)
- 끓는점: 미상
- 밀도: 10.37g/cm³ (상온 기준, 예측치)
- 외관: 미상

▲ 캘리포니아대학교 버클리의 옛 방사선연구소에 있는 27인치 사이클로트론 앞에 서 있는 M. 스탠리 리빙스턴(왼쪽)과 어니스트 O. 로렌스(오른쪽).

101번 원소는 주기율표의 아버지인 드미트리 멘델레예프의 이름에서 원소명을 따왔다. 멘델레예프는 자신의 원소 주기율표가 어디까지 확장될지 예측할 수 없었을 것이며, 현대 과학자들조차도 아직 발견되지 않은 원소가 더 많으리라는 생각에 열려 있다. 멘델레예프의 연구에서 정말 놀라운 점은 그가 당시 알려진 원소의 특성을 분석하여 아직 발견되지 않은 원소의 존재를 예측했다는 것이다.

멘델레븀은 아인슈타이늄 원자와 알파 입자가 충돌하여 생성된다. 주기율표 말단의 모든 원소가 그렇듯이 멘델레븀은 오직 연구 목적으로만 사용되며 상업적 용도는 없다.

악티늄족 원소

# 노벨륨 Nobelium

발견 연도: 1963년    발견자: 러시아 두브나 소재 합동원자핵연구소 연구팀

No 102

## 102 No
Nobelium
[259]

- 원자번호: 102
- 족: 악티늄족
- 주기: 7주기
- 블록: f블록
- 원자량: [259]
- 녹는점: 800°C(예측치)
- 끓는점: 미상
- 밀도: 9.94g/cm³(상온 기준, 예측치)
- 외관: 미상

악티늄 계열 중 끝에서 두 번째 원소인 노벨륨은 사이클로트론에서 퀴륨에 탄소를 충돌하여 생성된 방사성 금속이다. 12개의 동위원소가 알려져 있고, 그중 노벨륨-259의 반감기가 58분으로 가장 길다. 노벨륨-255는 3분이 조금 넘는 아주 짧은 반감기를 가지고 있으나 다른 동위원소에 비해 만들기 쉬워 화학 연구에서 가장 널리 사용된다.

노벨륨은 다이너마이트를 발명한 알프레드 노벨의 이름을 딴 원소다. 1957년에 102번 원소를 발견했다고 착각한 스웨덴 과학자들이 이 이름을 선택했다. 그 후 러시아(당시 소련) 두브나와 캘리포니아 버클리의 연구팀이 각각 독자적으로 합성했고, 1997년에 IUPAC가 러시아 연구팀을 공식 발견자로 인정했다.

▲ 알프레드 노벨(1833~1896)은 과학자와 사업가로, 다이너마이트를 발명한 사람으로 유명하다. 그는 자신의 재산으로 물리, 화학, 생리, 의학, 문학, 평화의 6개 분야에서 놀라운 업적을 이룬 사람에게 수여할 상을 제정하라는 유언을 남겼다.

# 로렌슘 Lawrencium

악티늄족 원소

**103**

발견 연도: 1961~1971년  발견자: 미국 및 러시아 연구팀

### 103 Lr
Lawrencium
[262]

- 원자번호: 103
- 족: 악티늄족
- 주기: 7주기
- 블록: f블록
- 원자량: [262]
- 녹는점: 1600°C(예측치)
- 끓는점: 미상
- 밀도: 14.4g/cm³(상온 기준, 예측치)
- 외관: 미상

▲ 어니스트 로렌스(1901~1958)는 1929년부터 고에너지 입자 생성 장치에 관심을 기울이기 시작하여 원형 가속실을 갖춘 사이클로트론을 발명했다.

로렌슘은 악티늄족의 마지막 원소로, 핵물리학자 어니스트 로렌스에서 이름을 따왔다. 로렌스는 사이클로트론을 발명한 공로로 1939년 노벨 물리학상을 받았다. 사이클로트론이란 주기율표 말단에서 이런 방사성 원소를 발견하기 위해 꼭 필요한 입자 가속기의 일종이다.

로렌슘은 14개의 동위원소가 있는 방사성 금속이다. 로렌스 버클리 국립연구소에서 캘리포늄의 세 가지 동위원소에 붕소-10과 붕소-11의 원자핵을 충돌하여 처음으로 생산되었다. 러시아(당시 소련) 두브나의 합동원자핵연구소 연구팀도 이 원소를 발견했다고 주장했고, 1992년 IUPAC는 두 팀을 공동 발견자로 인정했다.

전이 금속

# 러더포듐 Rutherfordium

**104**

Rf

발견 연도: 1969년    발견자: 미국 및 러시아 연구팀

104
**Rf**
Rutherfordium
[267]

원자번호: 104
족: 4족
주기: 7주기
블록: d블록
원자량: [267]

녹는점: 2100°C(예측치)
끓는점: 5500°C(예측치)
밀도: 17g/cm³(상온 기준, 예측치)
외관: 미상

러더포듐은 지금까지 생성된 원자 수가 그리 많지 않은 방사성 원소다. 캘리포늄 원자에 탄소 원자를 충돌하여 만들어진다.

1908년에 방사성 물질에 관한 화학 연구의 공로로 노벨 화학상을 받은 뉴질랜드 출신의 영국 물리학자 어니스트 러더퍼드의 이름에서 원소명을 따왔다. 러더퍼드는 원자 궤도 이론을 개발하여 '현대 물리학의 아버지'로 일컬어진다. 바로 앞에서 소개한 로렌슘과 마찬가지로 1960년대에 러시아 두브나와 캘리포니아 버클리의 연구원들이 104번 원소를 합성하려고 시도했고, 두 팀 모두 이 원소를 자신들이 발견했다고 주장했다. 1997년에 IUPAC는 두 연구팀을 공동 발견자로 공식 인정했다.

▲ 뉴질랜드의 물리학자 어니스트 러더퍼드(1871~1937)는 오세아니아 출신으로는 최초로 노벨상 수상자가 되었다. '마이클 패러데이 이후 가장 위대한 실험가'로 불린다.

## 더브늄 Dubnium

전이 금속

**Db**

105

발견 연도: 1970년  발견자: 미국 및 러시아 연구팀

### 105 Db
Dubnium
[262]

- 원자번호: 105
- 족: 5족
- 주기: 7주기
- 블록: d블록
- 원자량: [262]
- 녹는점: 미상
- 끓는점: 미상
- 밀도: 21.6g/cm³ (상온 기준, 예측치)
- 외관: 미상

▲ 미국의 핵과학자 앨버트 기오소(1915~2010)는 주기율표에 등장하는 12개 원소의 공동 발견자에 이름을 올려 역사상 그 어떤 과학자도 이룩하지 못한 업적을 남겼다.

더브늄은 방사성이 강한 인공 합성 화학 원소로, 지금까지 만들어진 원자가 단 몇 개에 불과하다. 가장 안정된 동위원소는 더브늄-268이며 반감기는 28시간이다.

1967년에 러시아 두브나의 합동원자핵연구소 연구원들은 아메리슘-243 원자에 네온-22 이온 빔을 충돌시켜 만든 원소가 105번 원소라고 추정했고, 1970년에 그 사실을 확인했다.

또 1970년에 캘리포니아 로렌스 버클리 연구소의 한 연구팀은 캘리포늄-249에 질소-15 원자핵을 충돌하여 같은 원소를 합성했다. 두 연구팀은 공동 발견자로 인정받았으며, 1997년에 두브나 연구팀을 기려 새 원소의 이름이 더브늄으로 최종 확정되었다.

전이 금속

# 시보귬 Seaborgium

발견 연도: 1974년    발견자: 미국 로렌스 버클리 국립연구소 연구팀

106
**Sg**
Seaborgium
[269]

원자번호: 106
족: 6족
주기: 7주기
블록: d블록
원자량: [269]

녹는점: 미상
끓는점: 미상
밀도: 23~24g/cm³ (상온 기준, 예측치)
외관: 미상

106    Sg

시보귬은 미국의 핵화학자 글렌 T. 시보그를 기리는 이름이다. 그는 초우라늄 원소 10개를 합성하고 그 화학적 특성을 연구한 공로로 1951년에 노벨 화학상을 받았다. 시보귬은 살아 있던 사람의 이름을 딴 최초의 원소다.

시보귬은 가장 안정된 동위원소의 반감기가 14분에 불과하므로 연구 목적 외 응용 분야는 없다. 생성된 원자가 너무 적어 실제로 확인할 수는 없지만, 상온 대기압에서 고체로 존재하며 구조적 특성은 주기율표 바로 윗자리 원소인 텅스텐과 같으리라고 예상된다.

▲ 글렌 T. 시보그(1912~1999)는 미국의 핵화학자로, 초우라늄 원소 10종의 합성과 발견에 관여했다.

213

## 보륨 Bohrium

전이 금속

**Bh**

**107**

발견 연도: 1981년  발견자: 독일 GSI 헬름홀츠 중이온 연구소 연구팀

### 107 Bh Bohrium [270]

- 원자번호: 107
- 족: 7족
- 주기: 7주기
- 블록: d블록
- 원자량: [270]
- 녹는점: 미상
- 끓는점: 미상
- 밀도: 26~27g/cm³ (상온 기준, 예측치)
- 외관: 미상

보륨은 방사성이 매우 강하기 때문에 가장 안정된 동위원소인 보륨-270의 반감기가 2.4분에 불과하다. 독일 연구팀이 합성한 보륨의 원소명은 1922년 원자 구조와 양자 이론에 관한 연구로 노벨 물리학상을 받은 덴마크 과학자 닐스 보어의 이름에서 따온 것이다.

이 연구팀은 원래 닐스보륨(nielsbohrium)이라는 이름을 염두에 두면서도 그것이 붕소(boron)와 혼동될지 몰라 우려했지만, 원소명에 사람의 성과 이름 모두 포함된 전례는 없다는 이유로 IUPAC가 이를 거부했다.

▲ 덴마크의 물리학자 닐스 보어(1885~1962)는 양자 이론과 원자 구조 연구에 크게 공헌했다. 1930년대에는 독일을 떠난 과학자들이 다른 나라에서 연구를 이어가도록 도왔고, 1940년에는 노벨상 메달을 핀란드인들의 구호를 위해 기부했다.

[전이 금속]

# 하슘 Hassium

발견 연도: 1984년　발견자: 독일 GSI 헬름홀츠 중이온 연구소 연구팀

**Hs** 108

## 108 Hs Hassium [269]

- 원자번호: **108**
- 족: **8족**
- 주기: **7주기**
- 블록: **d블록**
- 원자량: **[269]**
- 녹는점: **미상**
- 끓는점: **미상**
- 밀도: **27~29g/cm³** (상온 기준, 예측치)
- 외관: **미상**

하슘은 방사능이 너무 강해 순식간에 붕괴해버리는 초중량 원소로, 가장 안정적인 동위원소라고 해야 반감기가 고작 10초 정도다. 독일 다름슈타트에서 페터 암브루스터와 고트프리트 뮌젠베르크 연구팀이 발견했고, 하슘이라는 원소명은 처음 생성된 독일 헤센주의 라틴어 명칭인 하시아(Hassia)에서 따온 것이다.

1984년에 처음 합성된 이래로 지금까지 생성된 원자 수가 100여 개에 불과하지만, 8족 바로 윗자리 원소인 오스뮴과 특성이 비슷하고 주기율표 전체에서 가장 밀도가 높은 원소일 것으로 예상된다.

▲ 독일 다름슈타트에 있는 GSI 헬름홀츠 중이온 연구소는 중이온 가속기를 이용한 연구와 그 자체에 관한 연구를 위해 1969년에 설립되었으며, 헤센주에서 유일한 대규모 연구 시설이다.

# 마이트너륨 Meitnerium

특성 미상

발견 연도: 1982년    발견자: 독일 GSI 헬름홀츠 중이온 연구소 연구팀

**109**

### 109 Mt
Meitnerium
[278]

- 원자번호: 109
- 족: 9족
- 주기: 7주기
- 블록: d블록
- 원자량: [278]
- 녹는점: 미상
- 끓는점: 미상
- 밀도: 27~28g/cm³ (상온 기준, 예측치)
- 외관: 미상

▲ 1992년 GSI에서 열린 한 행사에서 107번, 108번, 109번 원소의 공식 명칭이 각각 닐스보륨(나중에 보륨으로 변경되었다), 하슘, 그리고 마이트너륨으로 확정되었다.

마이트너륨은 방사성이 강한 원소로, 1982년 독일 다름슈타트에서 발견되었다. 가장 안정된 동위원소인 마이트너륨-278의 반감기는 4.5초에 불과하지만, 마이트너륨-282의 반감기는 그보다 조금 더 길어서 1분이 넘어갈 수도 있다.

마이트너륨은 현실에 존재하는 여성의 이름을 딴 유일한 원소라는 점에서 독특하다. 앞서 마리 퀴리가 과학계에 미친 공헌은 퀴륨이라는 원소명으로 인정받았지만, 그 영예는 오롯이 혼자가 아니라 남편 피에르와 공동으로 얻은 것이었기 때문이다. 리세 마이트너는 오스트리아 출신의 스웨덴 물리학자로, 프로트악티늄 원소의 공동 발견자였고 핵분열 과정에 관한 연구에서 공을 세웠다.

특성 미상

# 다름스타튬 Darmstadtium

발견 연도: 1994년   발견자: 독일 GSI 헬름홀츠 중이온 연구소 연구팀

**110**
**Ds**
Darmstadtium
[281]

- 원자번호: 110
- 족: 10족
- 주기: 7주기
- 블록: d블록
- 원자량: [281]
- 녹는점: 미상
- 끓는점: 미상
- 밀도: 26~27g/cm$^3$ (상온 기준, 예측치)
- 외관: 미상

다름스타튬은 1994년 독일 다름슈타트의 GSI 헬름홀츠 중이온 연구소에서 발견되었다. 이 원소는 매우 불안정했으므로 지금까지 개별 원자 단위로만 합성되었다. 따라서 그 성질에 관해 알려진 것은 많지 않으나 부식과 산화에 강하며 상온에서 고체인 금속이리라고 예측된다.

다름스타튬의 동위원소는 15개로 알려져 있으며, 그중 가장 안정된 동위원소의 반감기는 4분이다. 이 원소의 또 다른 이름으로 연구소가 자리한 다름슈타트 교외 지역명을 딴 빅스하우지움(wixhausium)과 원자번호 110번이 독일 경찰청의 긴급 전화번호와 같다고 해서 붙인 폴리시움(policium) 등이 있지만, 2003년에 IUPAC는 다름스타튬을 공식 명칭으로 정했다.

▲ GSI 중원소 연구 프로그램 책임자 지구르트 호프만이 이끈 실험을 통해 다름스타튬, 뢴트게늄, 코페르니슘 등의 원소가 발견되었다.

특성 미상

# 뢴트게늄 Roentgenium

**111**

발견 연도: 1994년  발견자: 독일 GSI 헬름홀츠 중이온 연구소 연구팀

### 111
### Rg
Roentgenium
[282]

원자번호: 111
족: 11족
주기: 7주기
블록: d블록
원자량: [282]

녹는점: 미상
끓는점: 미상
밀도: 22~24g/cm³ (상온 기준, 예측치)
외관: 미상

주기율표 말단에 자리하는 원소들이 다들 그렇듯이 뢴트게늄도 공식적으로 발견되기 전에는 그 자리를 나타내는 이름으로 불리고 있었다. 111번 원소도 그 숫자를 지칭하는 라틴어 명칭이 있었는데, 마침 그것이 다소 좋은 어감을 주는 '우누누늄(unununium)'이었고, 화학 기호로는 Uuu였다.

GSI 헬름홀츠 중이온 연구소 연구원들이 비스무트-209에 니켈-64를 충돌시켜 뢴트게늄-272 원자를 합성하는 데 성공함으로써 더 이상 숫자로 된 이 별칭을 쓰지 않아도 되었다. 새로 발견된 원소에는 X선을 발견한 1901년 제1회 노벨 물리학상 수상자인 물리학자 빌헬름 뢴트겐을 기리는 이름이 붙었다.

▲
빌헬름 콘라트 뢴트겐(1845~1923)은 1895년에 X선의 생성과 검출 방법을 발견한 독일의 화학자이자 기계공학자였다. 111번 원소의 이름은 그를 기려 뢴트게늄으로 정해졌다.

특성 미상

# 코페르니슘 Copernicium

**112**

Cn

발견 연도: 1996년   발견자: 독일 GSI 헬름홀츠 중이온 연구소 연구팀

### 112 Cn
Copernicium
[285]

원자번호: 112
족: 12족
주기: 7주기
블록: d블록
원자량: [285]

녹는점: 10±11°C(예측치)
끓는점: 67±10°C(예측치)
밀도: 14g/cm³(상온 기준, 예측치)
외관: 미상

코페르니슘은 주기율표 12족에서 수은 바로 아래에 있는 방사성이 강한 원소다. 독일 다름슈타트의 연구팀이 납-208 원자에 아연-70 원자핵을 충돌시켜 원자 하나를 생성함으로써 이 원소를 합성해냈다. 연구진은 지동설을 제창한 수학자이자 천문학자인 니콜라우스 코페르니쿠스를 기려 이 원소를 코페르니슘이라 부르자고 제안했다.

코페르니슘은 아직 그 물리적 특성을 완전히 이해할 만큼 생산되지는 않았다. 그러나 상온에서 액체이면서도 비활성 기체의 거동을 보이는 은과 같은 전이 금속으로 추정된다. 현재까지 확인된 코페르니슘 동위원소는 7개이며, 그중 가장 안정된 동위원소의 반감기는 약 30초다.

▲
코페르니슘은 1996년에 독일 다름슈타트 GSI 헬름홀츠 중이온 연구소의 다국적 연구팀에 의해 합성되었다.

### 특성 미상

# 니호늄 Nihonium

**113**

발견 연도: 2004년  발견자: 일본 RIKEN 연구팀

### 113 Nh
Nihonium
[286]

| | |
|---|---|
| 원자번호: 113 | 녹는점: 430°C(예측치) |
| 족: 13족 | 끓는점: 1130°C(예측치) |
| 주기: 7주기 | 밀도: 16g/cm³(상온 기준, 예측치) |
| 블록: p블록 | 외관: 미상 |
| 원자량: [286] | |

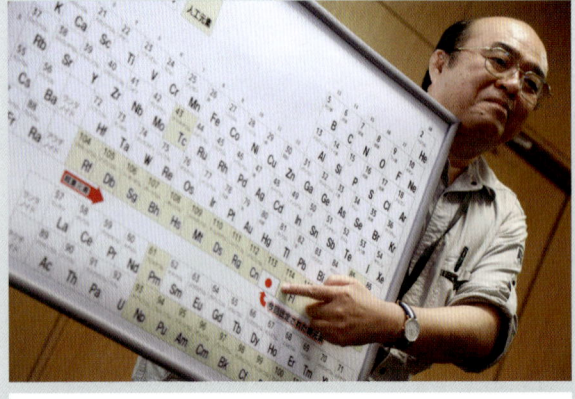

▲ RIKEN 연구원 모리타 고스케가 2016년 6월 9일 기자회견에서 원소 주기율표의 113번 원소를 가리키며 화학 기호 Nh의 니호늄을 공식 명명하고 있다.

2016년 중반까지 주기율표 113번에 해당하는 주인 없는 공간은 '113'을 뜻하는 라틴어 '어넌트리움'이라는 다소 어색한 이름이었지만, 그해 6월 IUPAC가 113번, 115번, 117번, 118번 원소의 공식 명칭을 일제히 발표하면서 모든 것이 바뀌었다. 이들 이름은 2016년 11월에 공식적으로 승인되었다.

니호늄은 방사능이 매우 강한 원소로, 일본 사이타마현 와코시 소재 이화학연구소(RIKEN) 연구팀이 2004년에 처음 발견했다. 아시아 국가에서는 최초로 발견된 원소이며, 지금의 이름은 연구팀의 소속 국가명인 일본의 본토 발음 '니혼'을 그대로 따왔다.

[특성 미상]

# 플레로븀 Flerovium

발견 연도: 1999년    발견자: 러시아인과 미국인 연구팀

## 114
## Fl
Flerovium
[289]

원자번호: 114
족: 14족
주기: 7주기
블록: p블록
원자량: [289]

녹는점: 11±50°C(예측치)
끓는점: 미상
밀도: 11.4±0.3g/cm³ (상온 기준, 예측치)
외관: 상온에서 고체인 은색 금속일 것으로 예상

플레로븀은 방사성이 강한 초중량 원소로, 1999년 러시아에서 발견되었다. 이 원소는 두브나 합동원자핵연구소 내에 설치된 플레로프 핵반응연구소에서 이름을 따왔으며, 해당 연구소는 러시아의 물리학자 게오르기 플로료프의 이름을 기려 설치된 것이었다.

플레로븀의 동위원소는 6개로 알려져 있고, 원자량은 플레로븀-284에서 플레로븀-289까지 다양하다. 그중 마지막 동위원소가 가장 안정적이며 반감기는 2초 미만이다. 실험에 따르면 이 동위원소는 매우 휘발성이 강하고 상온에서 기체일 가능성이 있지만, 플레로븀이 금속과 비활성 기체 중 어느 쪽에 더 가까운지는 아직 불분명하다.

▲
러시아의 물리학자 게오르기 플료로프(1913~1990)는 결정학과 재료과학 분야의 연구로 유명하다. 114번 원소는 2012년에 그의 이름을 기려 플레로븀이라 명명했다.

# 모스코븀 Moscovium

특성 미상

발견 연도: 2003년  발견자: 러시아인과 미국인 연구팀

**115**

### Mc
Moscovium
[289]

- 원자번호: 115
- 족: 15족
- 주기: 7주기
- 블록: p블록
- 원자량: [289]
- 녹는점: 400°C(예측치)
- 끓는점: ~1100°C(예측치)
- 밀도: 13.5g/cm³(상온 기준, 예측치)
- 외관: 미상

▲ 1956년 소련 합동원자핵연구소 내에 설치된 양성자 싱크로트론 집합 건물의 모습.

모스코븀은 방사능이 강하고 불안정한 원소이며, 2003년 러시아 합동원자핵연구소의 유리 오가네시안 연구팀과 미국 로렌스 리버모어 국립연구소 켄 무디 연구팀의 협력을 통해 합성되었다. 연구진은 아메리슘-243에 칼슘-48 핵이온을 충돌하여 이 원소의 원자 4개를 생성했다. 생성된 원자는 약 100밀리초 만에 니호늄 원자로 붕괴했다.

115번 원소가 발견된 사실은 2015년 12월에 공식적으로 확인되었고, 2016년에 합동원자핵연구소가 자리한 모스크바주의 이름을 따 원소명을 모스코븀으로 정했다. 지금까지 생성된 모스코븀 원자의 수는 100개가 약간 넘고, 질량수는 296에서 290 사이에 분포한다.

222

| 특성 미상 |
|---|

# 리버모륨 Livermorium

발견 연도: 2000년    발견자: 러시아인과 미국인 연구팀

**116**    Lv

## 116 Lv
Livermorium
[293]

- 원자번호: 116
- 족: 16족
- 주기: 7주기
- 블록: p블록
- 원자량: [293]
- 녹는점: 364~507°C (외삽값)
- 끓는점: 762~862°C (외삽값)
- 밀도: 12.9g/cm³ (상온 기준, 예측치)
- 외관: 미상

주기율표 앞자리의 두 원소인 플레로븀과 모스코븀은 모두 러시아에서 이름을 따왔고, 116번과 117번의 원소명은 다시 미국으로 돌아간다. 리버모륨은 이 원소의 발견으로 이어지는 수많은 연구가 진행된 캘리포니아주 리버모어의 로렌스 리버모어 국립연구소에서 이름을 따왔다.

주기율표의 이 구간에 속하는 모든 원소가 그렇듯이 리버모륨은 방사성이 매우 강해 그 특성과 거동을 파악할 정도의 원자가 생산될 수 없었다. 동위원소는 다섯 가지로 알려져 있으며, 그중 가장 안정된 것은 리버모륨-293으로 반감기는 약 60밀리초다.

▲ 캘리포니아주 리버모어 소재 로렌스 리버모어 국립연구소의 조감도. 원래는 1952년 캘리포니아대학교 방사선연구소로 설립된 기관이다.

# 테네신 Tennessine

**특성 미상**

발견 연도: 2009년    발견자: 러시아인과 미국인 연구팀

**117**

### 117 Ts
Tennessine
[294]

- 원자번호: 117
- 족: 17족
- 주기: 7주기
- 블록: p블록
- 원자량: [294]
- 녹는점: 350~550°C(예측치)
- 끓는점: 610°C(예측치)
- 밀도: 7.1~7.3g/cm³ (상온 기준, 외삽값)
- 외관: 미상

▲ 오크리지 국립연구소의 동위원소 원자로와 연료 저장고의 모습. 테네신이라는 원소명은 이 원소의 발견에 공헌한 테네시주의 이름을 따온 것이다.

테네신은 이웃 원소인 리버모륨과 마찬가지로 러시아와 미국 과학자 간 협력을 통해 탄생했다. 이는 초창기 트랜스페르뮴 원소의 발견과 원소명을 둘러싼 여러 논란 이후 환영의 분위기와 긍정적 변화를 맞는 계기가 되었다. 안타깝게도 이런 협력은 러-우 전쟁의 발발로 2022년에 맥이 끊겼다.

테네신은 버클륨-249 원자에 칼슘-48 빔 하나가 충돌하여 합성되었으며, 그 결과 새 원소의 원자가 6개 생성되었다. 현재까지 테네신의 특성에 관해 알려진 바는 거의 없다. 생성 과정이 너무 어렵고 비싼 데다 방사성이 워낙 강해 생성된다고 해도 곧바로 붕괴해버리기 때문이다. 가장 안정적인 테네신 동위원소의 반감기는 51밀리초에 불과하다.

비활성 기체

# 오가네손 Oganesson

## 118

발견 연도: 2002년   발견자: 러시아인과 미국인 연구팀

**118**
**Og**
Oganesson
[294]

- 원자번호: 118
- 족: 18족
- 주기: 7주기
- 블록: p블록
- 원자량: [294]
- 녹는점: 52±15°C(예측치)
- 끓는점: 177±10°C(예측치)
- 밀도: 7.2g/cm³(상온 기준)
- 외관: 미상

오가네손은 주기율표의 마지막 원소이자 이 글을 쓰는 현재 아직 생존한 인물의 이름을 딴 유일한 원소다. 유리 오가네시안은 1933년생의 러시아 핵물리학자로, 몇 가지 원소의 발견에 핵심적인 역할을 했다. 그가 발명한 '상온 핵융합' 기술은 107번부터 113번에 이르는 원소 합성의 바탕이 되었고, 이후 개발한 '고온 핵융합' 기술은 114~118번 원소가 합성되는 데 공헌했다.

주기율표 18족에 속한 오가네손은 이론상 비활성 기체의 특성을 나타내야 한다. 그러나 이 원소를 연구한 결과는 오가네손이 상온에서 반응성 고체임을 시사한다. 2020년까지 오가네손 원자는 단 5개만 만들어졌으며, 이 원소의 특이한 성질이 드미트리 멘델레예프의 역사적 주기율표에 어떤 식으로 조화를 이루는지 이해하기까지는 더 많은 연구가 필요할 것이다.

▲
2017년에 발행된 아르메니아 우표. 초중량 원소의 발견에 중요한 역할을 한 러시아 출신 아르메니아 핵물리학자 유리 오가네시안의 업적을 기념하여 발행되었다.

# 찾아보기

## ㄱ
가돌리늄　138
갈륨　72
구리　68
규소　38
금　168

## ㄴ
나이오븀　92
나트륨(소듐)　32
납　174
네오디뮴　130
네온　30
넵투늄　196
노벨륨　209
니켈　66
니호늄　220

## ㄷ
다름스타튬　217
더브늄　212
디스프로슘　142

## ㄹ
라돈　182
라듐　186
란타넘　124
러더포듐　211
레늄　160
로듐　100
로렌슘　210
뢴트게늄　218
루비듐　84
루테늄　98
루테튬　152
리버모륨　223
리튬　16

## ㅁ
마그네슘　34
마이트너륨　216
망가니즈　60
멘델레븀　208
모스코븀　222
몰리브데넘　94

## ㅂ
바나듐　56
바륨　122
백금　166
버클륨　204
베릴륨　18
보륨　214
붕소　20
브로민　80
비소　76
비스무트　176

## ㅅ
사마륨　134
산소　26
세륨　126
세슘　120
셀레늄　78
수소　12
수은　170
스칸듐　52
스트론튬　86
시보귬　213

## ㅇ
아르곤　46
아메리슘　200
아스타틴　180
아연　70
아이오딘　116
아인슈타이늄　206
악티늄　188
안티모니　112
알루미늄　36
어븀　146
염소　44
오가네손　225
오스뮴　162
우라늄　194
유로퓸　136
은　104
이리듐　164
이터븀　150
이트륨　88

# 사진 크레딧

인　　40
인듐　　108

## ㅈ

저마늄　　74
제논　　118
주석　　110
지르코늄　　90
질소　　24

## ㅊ

철　　62

## ㅋ

카드뮴　　106
칼륨(포타슘)　　48
칼슘　　50
캘리포늄　　205
코발트　　64
코페르니슘　　219
퀴륨　　202
크로뮴　　58
크립톤　　82

## ㅌ

타이타늄　　54
탄소　　22
탄탈럼　　156
탈륨　　172
터븀　　140

텅스텐　　158
테네신　　224
테크네튬　　96
텔루륨　　114
토륨　　190
툴륨　　148

## ㅍ

팔라듐　　102
페르뮴　　207
폴로늄　　178
프라세오디뮴　　128
프랑슘　　184
프로메튬　　132
프로트악티늄　　192
플레로븀　　221
플루오린　　28
플루토늄　　198

## ㅎ

하슘　　215
하프늄　　154
헬륨　　14
홀뮴　　144
황　　42

AIP Emilio Segrè Visual Archives: 193 (Lande Collection), 197 (Oakland Tribune/Fermi Film Collection), 210 & 212 (Lawrence Berkeley National Laboratory), 214 (Physics Today Collection), 216 (Armbruster Collection), 218 (W. F. Meggers Gallery of Nobel Laureates Collection), 219 (Armbruster Collection), 224 left (Union Carbide Corporation's Nuclear Division/Physics Today Collection), 224 right (Oak Ridge National Laboratory/Physics Today Collection)

Alamy: 14 (Kim Christensen), 21 (Martin Lee), 24 (Dorling Kindersley), 26 (Phil Degginger), 32 (Jose Maria Barres Manuel), 37 (Ian Skelton), 40 (Henri Koskinen), 46 (Phil Degginger), 47 (Associated Press), 50 (Gabbro), 51 (MehmetO), 54 (Susan E. Degginger), 55 (Viacheslav Khmelnytskyi), 56 (Eagla Kohserli), 72 (Phil Degginger), 77 (Jose Maria Barres Manuel), 80 (sciencephotos), 82 & 84 (Phil Degginger), 86 (Susan E. Degginger), 93 (Pulsar Imagens), 97 (Inga Spence), 99 (Andrey Nyrkov), 109 (Terry Mathews), 113 (History and Art Collection), 118 (Phil Degginger), 121 (Associated Press), 124 (Phil Degginger), 125 (John Cancalosi), 151 (Science History Images), 167 (Henry Steadman), 173 & 181 (Science History Images), 187 (mccool), 190 (Dorling Kindersley), 191 (Sueddeutsche Zeitung), 196 (Dorling Kindersley), 213 (Science History Images), 217 (dpa picture alliance archive), 220 (Associated Press), 222 (Keystone Press), 225 (FMUA)

Brookhaven National Laboratory: 96

Dreamstime: 22 (Dgmata), 23 (Jzehnder1), 25 (Imdan), 27 (Arne9001), 28 (Albertruss), 29 (Photoking), 30 (Kimopfinder), 31 (Doogiexxxx), 33 (Viktorfischer), 35 (Dechaja), 38 (Fireflyphoto), 39 (Popov48), 41 (Kelpfish), 42 (Photowitch), 43 (Rodrigolab), 44 (Jonnysek), 45 (Fcobosp), 48 (Maksime), 49 (Belier), 53 (Theflightvideo), 59 (Antonsokolov), 61 (Susch), 62 (Vvoevale), 63 (Thomasowen), 65 (Braniffman), 67 (Tsebourn), 68 (Sisu), 69 (Bermau), 70 (KrimKate), 71 (Ppy2010h), 73 (Megaflopp), 75 (Jkunnen), 79 (Digurgel), 81 (Smellme), 83 (Herbert Kratky), 85 (Artmann-witte), 89 (Danr13), 91 (Sikth), 101 (Typhoonski), 103 (Stasche), 105 (Hofred), 111 (MartinBergsma), 115 (Dashark), 116 (Kimopfinder), 117 (Photographerlondon), 119 (Scanrail), 120 (Kimopfinder), 122 (Porpeller), 123 (Samunella), 127 (Brebca), 130 (Roberto Junior), 131 (Lenar Nigmatullin), 136 (Robertohunger), 137 (Sir270), 139 (Highwaystarz), 143 (Bulus), 145 (Yuiyuize), 147 (Bambulla), 157 (Mihashenk), 158 (Merial), 159 (Gerasimovvv), 161 (Ikvytkovskaya), 164 (Robertohunger), 165 (Astrug), 166 (Albund), 168 (Fireflyphoto), 169 (Tepic), 171 (Age7505), 174 (Coldmoon), 175 (Brozova), 177 (Kornilovdream), 179 (Warczakoski), 180 (Oorka), 182 (Zirafek), 183 (Gezafarkas), 184 (Merial), 186 (Wolf4x), 195 (Bridgetjones), 201 (Zerbor)

Dreamstime/Bwylezich: 16, 18, 20, 36, 52, 58, 60, 64, 66, 74, 76, 78, 88, 90, 92, 94, 98, 100, 102, 104, 106, 108, 110, 112, 114, 126, 132, 134, 138, 140, 142, 144, 146, 148, 150, 152, 154, 156, 160, 162, 176, 178, 192, 194

ESA/Hubble: 12

Getty Images: 87 (Wojtek Laski), 135 (Bloomberg), 149 (Bettmann), 153 (Roger Viollet), 163 (Archive Photos), 185 (Gamma-Keystone), 205 (Corbis)

GNU Free Documentation License: 172 (Dschwen), 215 (commander-pirx)

Library of Congress: 211

Patrick Mulrey: 8, 10, 11

NASA: 15 (Goddard/BARREL), 19 (Goddard), 199 (Johns Hopkins University Applied Physics Laboratory/Southwest Research Institute)

National Archives & Records Administration: 208

Oak Ridge National Laboratory/Creative Commons Attribution 2.0 Generic License: 188

Public Domain: 9, 13, 95, 141, 155, 189, 203, 206, 209, 221

Shutterstock: 17 (Freedom_wanted), 34 (Bjoern Wylezich), 57 (Maryia_K), 107 (Bart_J), 128 (Bjoern Wylezich), 129 (Zerbor), 170 (MarcelClemens), 200 & 202 (Saran Insawat), 204 (ArtsiomP)

U.S. Department of Energy: 133, 198, 207, 223